郑纪慈 ｜ 主编

浙江省农业科学院老科技工作者协会
浙江省农业科学院农产品质量标准研究所 ｜ 组编

借你一双慧眼
让你吃得更安全、更健康！

常见食品安全知识

148 问

浙江科学技术出版社

图书在版编目（CIP）数据

常见食品安全知识148问 / 郑纪慈主编；浙江省农业科学院老科技工作者协会，浙江省农业科学院农产品质量标准研究所组编. — 杭州：浙江科学技术出版社，2018.6（2020.5重印）

ISBN 978-7-5341-8215-0

Ⅰ.①常… Ⅱ.①郑… ②浙… ③浙… Ⅲ.①食品安全-问题解答 Ⅳ.①TS201.6-44

中国版本图书馆CIP数据核字（2018）第109522号

书　　名	**常见食品安全知识148问**	
组　　编	浙江省农业科学院老科技工作者协会	
	浙江省农业科学院农产品质量标准研究所	
主　　编	郑纪慈	

出版发行　**浙江科学技术出版社**
杭州市体育场路347号　邮政编码：310006
办公室电话：0571-85152719
销售部电话：0571-85176040
网　　址：www.zkpress.com
E-mail：zkpress@zkpress.com

排　　版　杭州兴邦电子印务有限公司
印　　刷　浙江新华印刷技术有限公司
经　　销　全国各地新华书店

开　　本	710×1 000　1/16	印　张	9.5	
字　　数	127 000			
版　　次	2018年6月第1版	印　次	2020年5月第2次印刷	
书　　号	ISBN 978-7-5341-8215-0	定　价	30.00元	

责任编辑　詹　喜　　　　　**责任美编**　金　晖
责任校对　张　宁　　　　　**责任印务**　叶文炀

编委会

编写人员

前言
·Preface·

　　农产品质量安全问题作为保障和改善民生的一项重要内容，近年来受到了社会的空前关注，也是各类媒体争相报道的热点。近几年来社会上农产品质量安全事件时有发生，很多是因为农产品质量安全知识没有得到科学普及，消费者接收科学解读农产品质量安全知识的途径有限所致，从而产生了误区，挫伤了消费信心，给产业带来不必要的严重损失。因此，正确进行农产品质量安全科普宣传、科学解读农产品质量安全知识已成为各级政府监管和应对的有效手段之一。

　　2018 年 2 月，农业部农产品质量安全中心授予的"全国农产品质量安全科普基地"在浙江省农业科学院揭牌，这是在全国范围内设立的首批科普示范基地之一。作为农业部农产品质量安全中心在全国范围内设立的首批科普示范基地，浙江省农业科学院拥有良好的科普示范基础。一直以来，浙江省农业科学院多次组织专家开展"农产品质量安全进社区"、实验室开放日等活动，以各种落地的方式来引领认知、引导消费。有关专家还多次做客电视、报纸等媒体为大众带来农产品质量安全的科普知识。

　　本书是在 2012 年出版的《常见食品安全知识 140 问》的基础上修编而成的，由浙江省农业科学院老科技工作者协会、农产品质量标准研究所组织编写，得到了各级领导的大力支持。本书以问答形式汇总了大众生活中常见的食品安全问题以及近年来社会食品安全舆论关注的热点问题，可作为消费者日常生活的参考，也可用作食品安全基础知识普及读本。

　　本书为浙江省农业科学院"全国农产品质量安全科普基地"成立以来出版的首部综合性农产品质量安全科普读物。由于时间仓促、水平有限，书中存在不足之处在所难免，敬请广大读者批评指正。

编者

2018 年 3 月

CONTENTS
目 录

第一部分　食品安全基本知识

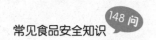

第三部分 动物源性食品安全

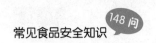

第四部分 加工食品与食品添加剂安全

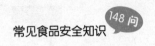
第五部分　食品安全的监督检测与管理

第一部分

食品安全基本知识

（一）
食品安全的概念及其
主要影响因素

1 什么是食品安全

"民以食为天，食以安为先"，食品安全直接关系广大人民群众的身体健康和生命安全，关系国家的健康发展、社会的和谐稳定。世界卫生组织（WHO）认为，食源性疾病给健康造成重大危害，导致每年数百万人因为食用不安全的食品而患病，并且造成许多人死亡。世卫组织会员国对此深感担忧，于 2000 年通过一项决议，将食品安全作为一项基本的公共卫生职能。WHO 认为，食品安全包括旨在确保所有食品尽可能安全的行动，食品安全政策和行动有必要涵盖从生产到消费的整条食品链。

食品安全与一些急性传染病对人体健康的危害不同，它并不随国民经济的发展、技术水平的提高以及人民生活水平的提高而"自然"得到解决。相反地，由于食物生产的工业化和新技术的采用，以及对食物中有害因素的新认识，在食物腐败变质等传统的食品卫生问题已经得到基本解决的情况下，出现了新的食品安全问题，如二噁英污染、牛海绵状脑病（疯牛病）、大肠埃希氏菌中毒、单核细胞增多性李斯特菌中毒、隐孢子中毒、农（兽）药残留、霉菌毒素污染等问题。同时，一些传统的食品卫生问题也不断重新涌现，例如沙门氏菌对肉类和禽蛋的污染而造成消费者沙门氏菌中毒。这些事件即使在西方国家也呈明显的上升趋势。另一些"老"污染物由于科学家们对其有了新的认识而需要新的对策。

这方面典型的例子是铅。尽管随着工业化的发展，原有的铅污染来源（如印刷、罐头食品、汽油）已明显减少，但是，近年来的研究表明铅对神经系统有很强的毒性，很少量的铅就可影响儿童神经系统的生长、发育。而铅中毒对儿童的危害是一个剂量－效应连续的过程，涉及儿童神经、造血、消化、免疫等全身多系统并影响其生长发育。

2 影响食品安全的因素主要有哪些

造成食品安全问题的主要原因是污染。食品污染可以定义为食品在生产、加工、包装、储存、运输、销售以及烹饪环节混入了有毒有害物质，造成食品安全性、营养性、性状发生变化，从而改变或降低原有的营养价值和卫生质量并对机体产生危害的过程。根据污染物的性质，食品污染可分为三类，即生物性污染、化学性污染和放射性污染。

（1）生物性污染。

微生物污染：主要是细菌及细菌毒素、霉菌及霉菌毒素和病毒。

寄生虫及寄生虫卵污染：主要是肠道寄生虫，具体见表1。

表1 按危险性排列具有危害的微生物和寄生虫

高危险性微生物和寄生虫 （传播范围较广）	中等危险性微生物和寄生虫 （有广泛传播的可能）	低危险性微生物和寄生虫 （扩散范围有限）
肉毒梭菌 A、B、E、F 志贺痢疾杆菌 伤寒杆菌 甲肝和戊肝病毒 布氏杆菌 霍乱弧菌 创伤弧菌 旋毛虫	李斯特菌 沙门菌 志贺杆菌 肠出血性埃希氏菌 链球菌 轮状病毒 诺沃克病毒 溶组织内阿米巴 阔节裂头绦虫 蛔虫 隐孢子虫	蜡样芽孢杆菌 空肠弯曲菌 产气荚膜梭菌 金黄色葡萄球菌 副溶血性弧菌 小肠结膜炎耶尔森菌 兰氏贾第鞭毛虫 牛肉绦虫

昆虫污染：主要为甲虫、螨类、蛾类及蝇蛆等。

例如：大肠埃希氏菌中毒是一种由致病性菌引起的食物中毒；疯牛病是由朊蛋白所致，它可能通过牛肉传染，与人类的克－雅氏症的发生有关。

（2）化学性污染。

第一，工业生产中的"三废"污染，农业生产中使用的化肥和农药及生活环境中的化学性污染物污染。例如：有害的金属或非金属、多环芳烃和 N－亚硝基化合物等。

第二，使用不符合卫生要求的食品容器、食品接触材料及运输过程中对食品产生的污染。

第三，食品添加剂污染，主要表现为使用不符合卫生要求或含有有毒有害物质的添加剂。

（3）放射性污染。

主要来自放射性物质的开采、冶炼及在国防、生产和生活中的应用与代谢。

另外，有些有害成分是食物本身所固有的，如有毒蘑菇中的各种毒素和扁豆（四季豆）中的皂苷和植物血凝素，如果在食用时不加以注意，就会造成食物中毒。人们日常生活中常见的有毒的食物及中毒的症状见表2。

表2 常见的食物中毒、中毒机理及预防、临床表现

食物中毒	中毒机理及预防	临床表现
扁豆中毒	扁豆中毒在于扁豆中含有红细胞凝聚素和皂苷，这些物质具有化学毒性。扁豆中的毒性成分只有加热到100℃并保温10分钟以上，才能被破坏。低温或短时焯、炒，集体食堂中由于用大锅炒扁豆不容易加热均匀，这些都会导致中毒。因此，扁豆应充分烧熟再食用	扁豆中毒的初期表现为胃部不适，继而出现恶心、呕吐、腹痛，严重时伴有出冷汗甚至休克。精神神经症状一般表现为头晕、头痛、四肢麻木、腰背痛等。中毒潜伏期一般为5小时左右，有的人在进食后30分钟就会发病

续表

食物中毒	中毒机理及预防	临床表现
马铃薯中毒	马铃薯中的有毒物质为龙葵素（Solanen），也叫马铃薯素，是一种有毒的糖苷生物碱。这种生物碱不是单一成分，主要是以茄啶为糖苷配基构成的茄碱（Solanine）和卡茄碱等共计6种不同的糖苷生物碱。龙葵素具有较强的毒性，主要通过抑制胆碱酯酶的活性引起中毒反应，还对胃肠道黏膜有较强的刺激作用。 预防马铃薯中毒的措施包括：储存马铃薯应避光，避免日光直接照射；不吃发芽的、黑绿色皮的马铃薯；加工时应彻底挖去芽、芽眼及芽周，加些食醋以加速龙葵素的破坏	一次吃进200毫克龙葵素，经过15分钟至3小时就可发病。最早出现的症状是口腔及咽喉部瘙痒、上腹部疼痛，并有恶心、呕吐、腹泻等，症状较轻者，经过1~2小时会通过自身的解毒功能而自愈。如果吃进300~400毫克或更多的龙葵素，则症状会很重，表现为体温升高和反复呕吐而致失水，以及瞳孔放大、怕光、耳鸣、抽搐、呼吸困难、血压下降，极少数人可因呼吸麻痹而死亡
氰苷类植物中毒	氰苷类化合物存在于多种植物中，特别是木薯的块根以及苦杏仁、苦桃仁等果仁中含量比较高。预防其中毒的措施主要是加强宣传教育，不生吃各种苦味果仁和木薯（炒过的也不能食用）。若食用上述果仁，必须用清水充分浸泡，再敞开锅盖煮，使氢氰酸挥发掉。食用木薯前必须将木薯去皮，加水浸泡3天以上，再敞开锅盖煮，熟后再置清水中浸泡40小时	主要为毒性反应，临床表现为恶心、呕吐、软弱无力、头痛、头晕、食欲不振、嗜睡、烦躁，个别发生昏迷、呼吸困难、无节律性运动；严重时可产生重度呕吐、面色苍白或青紫、发绀、呼吸困难、心律失常、抽搐、四肢冰冷等症状；极重者可有中枢抑制现象，如深度昏迷、面色呈灰色、手足厥冷、瞳孔散大、对光反射迟钝或消失、呼吸衰竭、心律失常

续表

食物中毒	中毒机理及预防	临床表现
芥子苷	芥菜、油菜、萝卜等十字花科蔬菜含芥子苷。芥子苷遇水在一定的温度、酸度及芥子酶的作用下生成异硫氰酸烯丙酯、恶唑烷硫酮、腈类、硫氰酸盐等有毒物质。芥子苷的代谢产物可抑制甲状腺功能	长期服用芥子苷会引起甲状腺肿大。目前主要通过化学物理法和微生物发酵法去除
毒蕈中毒	毒蕈又称毒蘑菇，是指食后可引起中毒的蕈类。在我国目前已鉴定的蕈类中，可食用蕈近300种，有毒蕈约100种，可致人死亡的至少有10种。 为了预防毒蕈中毒，不要轻易品尝不认识的蘑菇，应请教有实践经验者分辨后证明确实无毒方可食用。如果不慎误食了有毒蘑菇，应及时采取催吐、洗胃、导泻等有效措施，并及时求医诊治	毒蕈中毒的临床反应根据蘑菇毒素的不同而有不同的表现，大体可以分为：胃肠毒型，神经、精神型，溶血型，肝肾损害型，光过敏皮炎型等
鲜黄花菜中毒	鲜黄花菜中含有一种名叫秋水仙碱的物质，其进入人体后，经氧化生成的二秋水仙碱对人体的胃肠道和呼吸系统具有强烈的刺激作用，可以使人出现腹痛、腹泻、呕吐等中毒症状。因此，食用鲜黄花菜前一定要先经过处理，以去除秋水仙碱。由于秋水仙碱是水溶性的，所以可以将鲜黄花菜在开水中焯一下，然后再用清水充分浸泡、冲洗，使秋水仙碱最大限度地溶于水中后再行烹调，可保安全食用	鲜黄花菜的中毒反应主要表现为呕吐、腹泻等症状。每次食用鲜黄花菜最好不超过50克，出现不良反应后应及时就诊

续表

食物中毒	中毒机理及预防	临床表现
贝类中毒	贝类中毒是由一些浮游藻类合成的多种毒素而引起的。这些藻类（在大多数病例中为腰鞭毛虫，可引起赤潮）是贝类的食物，它们在贝类中蓄积，有时也可被代谢。其中有 20 种毒素可引起麻痹性贝类中毒（PSP），它们都是蛤蚌毒素的衍生物。腹泻性贝类中毒（DSP）大概是由一组高分子量的聚醚引起的，这些聚醚包括冈田酸、甲藻毒素和扇贝毒素。一类叫作短菌毒素的聚醚可引起神经毒性贝类中毒（NSP）。失忆性贝类中毒（ASP）是由特殊的氨基酸、软骨藻酸引起的，它们是贝类污染物	贝类中毒的类型：PSP（麻痹性贝类中毒）、DSP（腹泻性贝类中毒）、NSP（神经毒性贝类中毒）、ASP（失忆性贝类中毒）。PSP 临床表现多为神经性的，包括麻刺感、烧灼感、麻木、嗜睡、语无伦次和呼吸麻痹。DSP 一般表现为较轻微的胃肠道紊乱，如恶心、呕吐、腹泻和腹痛，并伴有寒战、头痛和发热。NSP 既有胃肠道症状又有神经症状，包括麻刺感和口唇、舌头、喉部麻木，肌肉痛，眩晕，冷热感觉颠倒，腹泻和呕吐。ASP 表现为胃肠道紊乱（呕吐、腹泻、腹痛）和神经系统症状（辨物不清、记忆丧失、方向知觉丧失、癫痫发作、昏迷）

③ 什么是转基因食品？市场上的转基因食品主要有哪些

转基因食品是指利用基因工程技术改变基因组构成的动物、植物及微生物生产的食品和食品添加剂，包括：①转基因动植物、微生物产品；②转基因动植物、微生物直接加工品；③以转基因动植物、微生物或者其直接加工品为原料生产的食品和食品添加剂。

我国市场上的转基因食品，主要为转基因大豆油、转基因菜籽油、转基因番木瓜，以及以转基因大豆、转基因菜籽为原料制成的调和油。我国市面上销售的水稻种子和大米都是传统培育品种，我国尚未开展转基因水稻商业化生产种植。转基因食品从研制到商业化生产要经过安全性评价，评估转基因食品的毒性、过敏性、营养成分等，只有通过评价的转基因食品才能上市。美国是转基因技术研发的大国，也是转基因食品生产和消费的大国。目前，美国已经批准了 20 种转基因作物的产业化，其种植的 90% 的玉米、93% 的大豆、99% 的甜菜都是转基因品种，其中 20% 的玉米和 40% 的大豆用于出口，其余用于本国消费。美国市场上 75% 的加工食品都含有转基因成分，可以说，美国是吃转基因食品种类最多、时间最长的国家。

④ 转基因食品安全吗

研究表明，转基因食品与普通食品在安全性上没有区别，甚至以高油酸、低亚麻酸、ω-3 为代表的品质改良性状转基因食品比普通食品更有营养。国际上所有的权威科学机构都研究证明，通过安全性评价、获得安全证书的转基因生物及其产品是安全的。转基因食品上市前需要通过严格的安全评价和审批程序。从 1996 年转基因作物首次商业化生产以来，全世界已有 28 个国家种植转基因作物，37 个国家或地区批准进口转基因农产品，数十亿人食用转基因食品，未发生 1 例被科学证实的安全问题。

关于转基因的更多知识，可以查看农业部网站《转基因权威发布》相关内容。

⑤ 食物过敏与普通食物安全问题有什么区别

在日常生活中，我们经常可以见到食物过敏现象发生。比如有人吃鱼、肉、奶、蛋、醋、酒、酱及某些蔬菜水果后，会出现头昏、恶心、呕吐、皮肤瘙痒、湿疹、荨麻疹、腹泻等症状，严重的甚至出现过敏性休克。在我国，常见的容易导致食物过敏反应的食物主要有：在儿童阶段主要为牛奶、鸡蛋、大豆等；在成人阶段主要为花生、坚果、海产品等。值得注意的是，食物中所含的过敏原可能存在一定的相互交叉性。简单地说，就是对某种食物过敏的人对另一种食物也会过敏，这是因为这两种食物含有相同的致敏原，从而导致了不同的食物会发生相同的食物变态反应。比如对牛奶过敏的人可能对羊奶也过敏，就是这个原因。食物过敏没有传染性，但有一定的遗传倾向。父母对某种食物过敏，他们的小孩对某种食物过敏的可能性也比较大。食物进入人体引起过敏反应的途径通常是经口食入。这是最常见的途径。当然，对于部分比较敏感的人来说，可能只要接触或者闻、吸就会致敏，从而导致食物过敏反应的发生。还有其他可能性比较小的途径，比如哺乳或者通过胎盘使婴儿被动致敏。

为了避免由于饮食摄入引起的过敏反应，世界上许多国家都规定在食品标签中对过敏原进行强制标示。国际食品法典委员会规定了 8 种过敏原，分别是牛奶、鸡蛋、鱼、甲壳贝壳类动物、坚果、花生、小麦和大豆。

6 如何正确阅读食品标签

食品标签，是指在食品包装容器上或附于食品包装容器的一切附签、吊牌、文字、图形、符号说明物。它是对食品质量特性、安全特性、食用饮用说明的描述，是生产商的自我声明，也是消费者选购食品的依据。有些商家为了自身利益，利用各种方式欺骗消费者，使他们买回的食品与目标食品不符，如明明想买"橙汁"，买回的却是"橙汁饮料"。这种欺诈行为严重地损害了消费者的权益。为了更好地保护消费者权益，我国实施了食品标签两大新标准：《预包装食品标签通则》（GB 7718—2011）和《预包装特殊膳食用食品标签》（GB 13432—2013）。新国标使消费过程更透明，消费者也能更放心。新国标规定，食品标签内容必须包括：食品名称、配料表、净含量、制造者、经销者的名称和地址（厂名、厂址）、产品标准号、质量（品质）等级、日期标示和贮藏说明等。若食品经辐照或由转基因原料制成，也必须明确加以标注。同时，消费者若发现并证实其标签的标识与实际品质不符，可以依法投诉，并获得赔偿。相信广大消费者通过了解以下食品标签相关内容，定能正确地解读食品标签，合理地维护自身权益。

（1）标签基本内容与消费陷阱。

预包装食品：是指经预先定量包装，或装入、灌入容器中，向消费者直接提供的食品。它与裸装食品相区别，强调的是"定量包装"和"向消费者直接提供"。目前市场上销售的绝大多数食品都是预包装食品，如袋装纯牛奶、白砂糖等。非定量包装的食品，比如由商店称量销售的带包装纸的散装小块糖果不属于预包装食品。此外，不向消费者直接销售，仅供食品企业和餐饮业使用的原料、辅料，如乳品厂购进的鲜牛奶、白砂糖等，即使它有定量包装，也不属于预包装食品。

在包装上，一些商家常将过期的大包装食品分解成小包装，消费者购买此类食品时只见小包装上标注着"生产日期见外包装袋"，但外包装却不见踪影。或者干脆将过期的话梅、饼干等食品的包装拆掉，当作零散食品就地出售。这种瞒天过海之术比比皆是。

食品名称：我国标准规定，食品名称必须采用表明食品真实属性的专用名称，如使用"新创名称""奇特名称""牌号名称"或"商标名称"，则必须同时使用表明食品真实属性的专用名称。

同一品种的食品，可能有不同的食品名称。例如，"果汁汽水"和"果味汽水"（如橘汁汽水和橘子汽水）的不同之处在于前者含有水果汁，后者没有水果汁且是由水果香精、食用色素、酸味剂和糖调制的。"水果原汁"和"水果汁"也不同，水果原汁是原料水果经不同工艺加工得到的具有原水果原有特征的制品，水果汁是用水果原汁经糖液、酸味剂等调制而成的能直接饮用的制品。消费者千万别因一时疏忽而买回不满意的食品。

此外，我国标准还加强了对容易造成消费者误解的食品名称的规整。例如一些普通发酵饼干（俗称梳打饼干），只是添加了一种或几种维生素，标签上的名称却是"多维梳打饼干"，消费者就会误认为添加了多种维生素或多种纤维素。一些不良商家的"高招"还在于在产品标签最醒目的位置写"酸牛奶"，而在不显眼的地方写上"乳酸菌饮料"，或者用对比度不明显的颜色标注上"饮品"的字样，使那些粗心的消费者把饮料当成酸牛奶买走。新标准不允许企业在标签上利用产品名称混淆食品的真实属性，欺骗消费者。例如：橙汁饮料中的"橙汁"和"饮料"，酸奶饮料中的"酸奶"和"饮料"，巧克力饼干中的"巧克力"和"饼干"，标签上必须使用同一字号。

配料：是指在制造或加工食品时使用的，并存在（包括以改性的形式存在）于产品中的任何物质，包括食品添加剂。各种配料必须按加入量的递减顺序一一排列。配料不同的食品，即使名称相同，品质也不同。如普通白酒有的以高粱为原料，有的以薯类为原料，它们的色、香、味就不尽相同。巧克力中的可可脂，有的是天然可可脂，有的是类可可脂或代可可脂（属于廉价低档的替代性油脂），尽管其他原、辅料都相同，两者的色香味及营养成分就明显不同。以往食品配料表含糊的现象普遍存在，很多方便食品的外包装上只是标明使用了防腐剂，但是对于防腐剂的构成却没有明确的提示。新标准规定，食品生产中用到的甜味剂、防腐剂、着色剂等添加剂，商家都必须在配料表中标示其具体名称，如标明糖精、苯甲酸钠等，使消费者消费得明明白白。

同时，我国标准还规定，如果在食品标签或食品说明书上特别强调添加了某种或数种有价值、有特性的配料，就应在配料表中标示所强调配料的添加量。例如"强化钙饼干"或"高钙饼干"，都应标出钙的具体含量。同样，如果在食品的标签上特别强调某种或数种配料的含量较低时，也应标示出所强调配料在产品中的含量，如"低糖"食品或"无糖"食品，就应标出糖的具体含量。

净含量：是指除包装以外的可食部分食品的含量。若食品包装容器中含有固、液两种物质时，除标示净含量外，还应标示沥干物（固形物）

的含量。如糖水梨罐头，标签中要有其沥干物（梨块）的含量标注。同一预包装内如果含有互相独立的几件相同的预包装食品时，在标示净含量的同时还应标示食品的数量或件数。有的食品包装又大又漂亮，内容物却很少。消费者购买食品时要注意包装上的净含量，莫被花里胡哨的包装所迷惑。

（2）标签中的几个重要时间。

生产日期：是指食品成为最终产品的日期。所谓最终产品，即完成了全部生产工序，经检验合格并签发合格证后的产品。生产日期并非一定指封口（封罐）完成后的日期。如某企业生产的产品，封罐、杀菌、冷却后的日期是 2006 年 1 月 10 日，检验需要 5 天，若生产日期打印为 2006 年 1 月 20 日，只要保证不在 2006 年 1 月 20 日以前出厂销售即视为合法。

保质期：又称最佳食用期，指预包装食品在标签指明的贮存条件下，保持品质的期限。在此期限内，产品完全适于销售，并保持食品的特有品质。超过此期限，在一定时间内，预包装食品可能仍然可以食用。

保存期：即推荐的最后食用日期，指的是预包装食品在标签指明的贮存条件下，预计的终止食用日期。在此日期之后，预包装食品可能会发生品质变化，不再具有消费者所期望的品质特性，不宜再食用。

过去，一些不法商家或经销商常在食品标签这几个日期上做手脚，以蒙骗消费者，获取不正当利益。如将保质期标为 1～3 个月，使消费者难以掌握。若过了 1 个月后食品变质了，消费者只好自认倒霉，因为保质期可算是 1 个月；若过了 1 个月后商品还在销售，则似乎也无可指责，因为保质期可到 3 个月。

有些袋装食品既没有标注生产日期也没有标注保质期，有的则只注明保质期而没有生产日期，或写着生产日期见 ×× 处却不见其踪影。相当一部分食品的生产期、保质期字迹模糊，消费者难以辨认。还有的是标签连同食品一起被厂家"优惠"出售，商家则随卖随贴或用不干胶纸自行标注生产日期，标签上的生产日期实际上已变成了经销日期。在一些超市的面点区，随处可见的是食品只有包装日期却没有生产日期。这种偷梁换柱式的以包装日期取代生产日期的戏法总是让消费者懊恼不已却又无可奈何。

国家标准已明确规定，厂家应清晰地标示预包装食品的生产日期和保质期。如果日期标示采用"见包装物某部位"的方式，应标示所在包装物的具体部位，如"封口"或"瓶盖"等部位。日期标示不得另外加贴、补印或篡改。提醒消费者在购买食品时一定要仔细查阅其生产日期，不要轻信包装日期之类的代名词。此外，新标准还规定了可以免除标示保质期的食品种类，它们是乙醇含量10%或10%以上的饮料酒以及食醋、食用盐、固态食糖类。其中，固态食糖类包括白砂糖、绵白糖、冰糖、单晶体冰糖之类，但不包括糖果。

（3）产品标准号。

产品标准号由一串英文字母和阿拉伯数字组成，在一定程度上代表了该产品的内在质量和卫生质量。根据国标，现有食品标准分为四类：国家标准、行业标准、地方标准和企业标准。国家标准又分为强制执行和推荐执行两种。国家标准以"G"开头，企业标准以"Q"开头。国家对食品的最低要求是达到国家强制性标准。若企业执行的是行业标准或企业标准，则其质量一般应更胜一筹。消费者购买食品时，要注意其执行标准的编号，因为一旦发生质量问题，这便是判定的依据。

⑦ 安全贮藏食品的主要方法有哪些

食物变质是因为微生物的大量生长和繁殖，而微生物的大量生长和繁殖需要适宜的温度、适当的水分及氧气，三者缺一不可，缺少其中任何一个条件都会抑制微生物的生长和繁殖，从而延缓食物的腐败时间，达到保存食物的目的。所以，保存食物的方法就是针对这三个条件所采取的措施。

　　传统的食物保存方法，比如晒干、风干、烟熏，就是使食物失去水分从而使微生物失去生存的条件。盐渍、糖渍和酒泡就是提高食物周围水溶液的渗透压，使得其中的微生物失去水分而死亡。现代食物保存方法有许多种，其中罐藏和真空包装就是通过高温灭菌然后隔绝空气使得微生物无法生存；冷冻是利用低温条件抑制微生物的生长和繁殖；脱水是利用现代科技使蔬菜在快速失去水分的同时保留蔬菜的色泽和鲜美的味道。巴斯德杀菌法是利用病原体不耐热的特点，用适当的温度和保温时间将其全部杀灭，最初用于牛奶消毒，后来逐步用于啤酒和白酒的消毒。此外，随着现代食品加工技术的发展，出现了新型食品贮藏技术，例如辐照就是利用 γ、β 及 X 射线照射食品，以杀灭食品中的微生物。放射线照射是在常温下进行的，且不会产生大量热能，故又称冷杀菌。添加食品添加剂，利用化学药剂对微生物的破坏性或者对食品成分的保护性，不但可以抑制微生物的生长，也可以防止因食品氧化引起的劣变。

　　每种食物贮藏方法都有其优点和缺点。冷冻贮藏简单食用，但操作不当可能会使食品冻伤、蛋白质变性而失去口感。罐藏和真空包装一旦外包装破损，就会引起微生物滋生。放射线照射法可以在常温下进行，但会引起蛋白质变性，产生毒物或致癌物质。因此，食品的贮藏只有合理操作，才能达到保护食品安全的目的。

⑧ 哪些人为添加物质会对食品安全产生影响

　　经批准的食品添加剂，按照国家标准的使用范围、使用量添加到食品中，对消费者的健康是没有影响的，是安全的。但是，如果超剂量使用食品添加剂，或者将违禁物质当作食品添加剂使用，则会损害人体健康。理想的食品添加剂应是有益而无害的物质。有些食品添加剂，特别是一些化学合成的食品添加剂，往往具有一定的毒性。这种毒性不仅由物质本身的结构与性质所决定，而且与浓度、作用时间、接触途径与部位、物质的相互作用及机体功能状态有关，只有达到一定浓度或剂量水平，才会显示出毒害作用。因此，膳食中食品添加剂的摄入量过大可能带来副作用。

食品添加剂的运用非常广泛，目前还没有哪个国家禁止使用食品添加剂。按照我国的规定，食品添加剂的使用，应该严格遵守国家标准《食品安全国家标准　食品添加剂使用卫生标准》（GB 2760—2014）。如果添加剂使用过量，会对人体健康产生危害。典型的例子是甜食，许多甜腻的食品，加入的是甜度相当于蔗糖 300 ~ 500 倍的人工合成甜味剂——糖精钠。在蜜饯、雪糕、糕点以及饼干等各类食品的制作中，国家标准（GB 2760—2014）规定的糖精钠最大使用量各不相同。糖精钠在人体内不能被吸收。从化学结构来看，糖精钠经水解后会形成有致癌威胁的环乙胺，而环乙胺的主要排泄途径是泌尿系统，因此食用过多糖精钠可能导致膀胱癌。

食品生产中，一些不法商贩为了降低生产成本，将未被批准的化学物质用于食品生产，或者将工业用的化学原料用作食品原料，对食品安全构成威胁。三鹿奶粉及多个知名品牌的液态奶被检测出含有三聚氰胺后，很多人认为三聚氰胺也是一种食品添加剂，只是"一不小心加多了"，才构成了危害。实际上，三聚氰胺和此前食品安全风波的苏丹红和吊白块一样，根本不是食品添加剂，而是非法添加物。

（二）
辐照食品与核污染食品

⑨ 辐照食品安全吗

辐照加工能帮助保存食物，延长食品的货架期，消除危害全球人类健康的食源性疾病，使食物更安全。辐照能杀死细菌、霉菌、酵母菌，而这些微生物能导致新鲜食物如水果和蔬菜等腐烂变质。

辐照食品标志

目前，全世界500多种辐照食品已在53个国家和地区获得批准，30多个国家进入大规模商业化生产阶段，每年的辐照加工量在30万吨以上。从1958年起，我国先后开展了辐照马铃薯、洋葱、大蒜、蘑菇、水果，猪肉、牛羊肉、鸡鸭肉及其制品，水产、鲜蛋、酒和中成药、中药材等的实验研究，取得了重要成果。

我国批准的适宜辐照的食品已达六大类57种，并制定了相关产品的辐射加工工艺标准，为我国辐照食品与国际接轨，确保辐照食品质量和安全，促使食品辐照行业健康发展创造了良好的条件。据不完全统计，我国累计辐照食品数量已近60万吨，年辐照的产品达10万吨左右，并且发展迅速，辐照食品已进入了商业化应用阶段。

常见的辐照食品有以下几类：

（1）特殊食品：病人食用的无菌食品。

（2）脱水食品：洋葱粉、八角粉、虾粉、青葱、辣椒粉、蒜粉、虾仁等脱水产品。

（3）延长货架期的食品：月饼、袋装肉制品、果脯等产品。

（4）冻品：冻鱿鱼、冻虾仁、冻蟹肉、冻蛙腿等产品。

（5）保健品：减肥茶、洋参、花粉、灵芝制品、袋泡茶、口服美容保健食品。

（6）方便食品：方便面等。

辐照加工是一种"冷处理"，它不会显著地提高被处理食物的温度，还能使食物保持新鲜，也不会像化学处理一样留下有害的残留物。另外，处理之后的辐照食物能立即被运输、储存，或者立即食用。经过 γ 射线辐照过的食品绝对不会带上放射性，也不会对身体造成伤害。正如世界卫生组织所作出的结论：辐照食品就像用巴斯德杀菌法消毒的食物一样安全，而且有益于健康。

10 什么是核污染食品？对人体的危害有哪些

核污染食品是指核泄漏后，一些放射性物质通过大气、尘埃、水等传播到食物或食物原料上，从而造成的食品污染。

人体摄入核污染食品后，放射性物质在体内释出 α 粒子或 β 粒子，产生辐射线，对周围的组织和器官造成损伤，并能干扰人体自身修复，破坏人体免疫系统。放射性物质还能够在体内积累，当达到一定剂量后，引发头晕、头痛、食欲不振等现象，严重时能使白细胞和血小板减少，长期作用会增加癌症的患病概率。如日本福岛核辐射污染释放出了碘 -131 和铯 -137 等放射性物质。其中碘 -131 会引发甲状腺癌，而铯 -137 则可以引起人体多数组织癌变。

放射性物质都具有一定的半衰期，有的放射性物质半衰期很长，如铯 -137，半衰期长达 30 年，因此一旦食物被放射性物质污染，很难去除。

由于人们无法从外观识别被核辐射污染的食物，因此在受到核辐射污染的地区，要根据政府监测数据，避免食用受到辐射污染的食物。

⑪ 预防核辐射的食物都有哪些

核辐射对人体的危害与它能导致机体过氧化有关，所以我们可以通过食物加强营养，提高抗氧化能力，从而减少辐射对人体的损伤。医学研究发现，能够减轻辐射伤害的食物有很多。一是螺旋藻等海产品，其含有丰富的维生素、矿物质以及生物活性物质，可增强骨髓细胞的增殖活力，能够提高人的免疫力。二是绿茶，由于其含有丰富的茶多酚，能够清除体内的自由基，提高抗氧化能力，而且含有的脂多糖能改善造血功能，提高血小板和白细胞等，因此具有一定的抗辐射能力。三是具有番茄红素的食品，包括番茄、番石榴、葡萄等。由于番茄红素具有一定的抗氧化能力，因此可以减轻辐射对人体的损伤。另外，黑芝麻、富硒食品、银杏叶制品等都可以提高人体免疫力，帮助人体抵抗辐射的侵袭。

⑫ 易被核辐射污染的食物有哪些

核泄漏事故发生后，放射性物质的传播主要有两种途径。一种是通过大气扩散传播。经过大气扩散的反射性颗粒，在雨水淋洗或重力的作用下，能够沉降在地面，污染地面上生长的植物。表面积比较大的叶菜类污染相对表面积小的蔬菜或根茎类蔬菜严重。

放射性物质的另一种传播途径是通过水传播。一些具有浓缩放射性物质特点的水生动、植物易受到核辐射污染，包括海洋底栖贝壳类和软体动物及海带、海藻类植物等。

另外，放射性元素可经水和土壤被农作物吸收，进入作物体内，污染蔬菜和粮食等。放射性元素多集中在富含无机盐的粮食类作物的谷壳中。

13 辐照食品和核污染食品有什么区别

辐照食品是指经过放射性物质释放的射线处理过的食品。由于放射性物质释放的射线能够杀死细菌等微生物，减少食品微生物污染，延长食品保质期，并且对食品中的营养元素破坏很少，所以在食品工业中广泛应用。辐照过的食品并不含有射线残留，因此不会危害人体健康。

核污染食品是指被放射性物质污染的食品。其中含有的放射性物质随着食物进入人体后能够在人体内积累，而且会继续释放射线，损害人体的组织器官，甚至引起器官基因突变导致癌症。

第二部分

植物源性食品安全

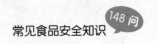

（一）

粮油食品安全

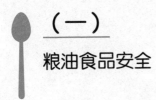

14 目前市场上出售的粮油食品安全吗？还存在哪些隐患

食品安全一般是指相对安全性，要求食品的绝对安全是不可能的，绝对安全的食品是没有的。所谓相对安全性，是指一种食品或成分在合理食用方式和正常食用量下对健康有益而不会造成损害。任何一种对人体有益的食品，若食用过量或食用条件不当，仍可能损害健康。有些食品的安全性是因人而异的，如过敏体质的人，对一些食品易受伤害。

我国目前分散的种植、养殖、中小食品加工企业仍然占 90% 以上，这对食品安全监管是个巨大的挑战。在利益驱动下的造假、掺假等状况难以根本改变，食品安全还会存在各种问题。

违法添加非食用物质或本身质量有问题的食品添加剂等，已成为目前食品安全的大问题。目前粮油食品存在的隐患主要是大米和小麦粉重金属超标，面粉类食品如馒头、花卷和面条等铝含量超标。食用调和油无国家标准，使得一些不规范的食用油加工企业有空子可钻，"地沟油"作为食用油流入餐饮企业；部分食用油过度脱色，造成重金属污染；违规添加香精，部分食用油脂添加剂目前无质量标准和测定方法标准，为监管增加了难度。目前农村和城乡接合部"三无"食品、劣质食品较普遍。

⑮ 何谓粮食陈化

目前人们摄入量最大的是谷类食物，成人每天要吃约 400 克，这么大的食用量，其质量和安全尤为重要。

粮食陈化是一种自然现象，表现为食用品质和使用品质下降，严重陈化时口感明显变差，酸度明显增加。根据国家有关规定，贮存超过 4 年的陈米，必须经过相关部门检测合格后才可食用。已经确定不能吃的陈米，只能用于生产酒精和动物饲料。陈米含强致癌物黄曲霉素，对人体危害极大。市场上有部分陈米未经任何处理或经简单翻新后掺入新米出售。有的陈米用工业产品白蜡油或矿物油处理成"化妆米"，这种米特别鲜亮，吃后会损害人的神经系统和消化系统。

⑯ 如何选购大米

（1）眼看。仔细看米粒颜色，陈米色泽较暗，呈灰粉状，有的米粒呈黄色、绿色、灰褐色、黑色，其量越多，大米越陈旧。陈米米粒中还有虫咬粒和虫尸。新米每粒米腹基部保留部分或绝大部分胚芽，而 1 年以上的稻谷加工的大米一般无胚芽。优质大米色泽玉白，表面光泽，半透明，米粒整齐饱满、大小均匀，碎米少，糠屑少，无虫害，无结块或粘连。劣质米呈淡黄色或浅灰色，不透明或透明度差，米粒上有裂纹。

（2）鼻嗅。取少量米哈气，立即嗅气味，好米有正常的新鲜的清香味或糠粉味，差米则稍有异味或有霉味、酸臭味、腐败味等不正常气味。

（3）手摸。新米光滑，有凉爽感；陈米有涩感；严重变质米，手捻易碎，易成粉状。

（4）口尝。取少量米口中细嚼，或磨碎后再品尝，好米味佳、微甜、无任何异味，劣质米则没有米的香味或微有异味、酸味、苦味。取数粒米，用牙咬一下，如用力才咬断，说明该米较干、含水少；如轻咬一下就断，则该米水分多。

（5）热水浸泡。用 60℃ 左右的热水闷泡少量米，5 分钟后用眼看用鼻闻，若是"化妆米"，在热水表面会漂浮油珠，有农药味、矿物油味、霉味等，且用油抛光的米通常颜色不均匀，细看米粒略呈淡黄色。

17 如何选购安全优质的面粉

（1）观颜色。优质面粉呈乳白色或微黄色，不发暗，无杂质的颜色。次质面粉色暗淡。劣质面粉呈灰白色或深黄色，发暗，色泽不匀。增白剂超标面粉为雪白色。

（2）观粉质。取少量面粉在黑纸上撒一薄层，仔细看有无发霉、结块、生虫及杂质等。

（3）手捻捏，以试手感。好面粉呈细粉末状，无杂质，手指捻捏时无粗粒感，无结块和生虫，在手中紧捏后放开不成团。次质面粉手捏时有粗粒感，生虫或有杂质。劣质面粉吸潮后霉变，紧捏后结块或成团。

（4）嗅气味。取少量面粉在手掌中，用嘴哈气，立即嗅气味，或将少量样品放在有塞瓶中，加入约 60℃ 热水，紧塞 3～5 分钟，再倒出水嗅其气味，好面粉有面粉原有清香气味、无异味，次面粉微有异味，劣质面粉有霉臭味、酸味、煤油味及其他异味，超标面粉淡而无味甚至稍带化学药品味。

（5）品味。取少量样品细嚼，如有可疑，应将样品加水煮沸后口尝，好面粉味可口，淡而微甜，咀嚼时无砂声；次质面粉淡而乏味，微有异味，咀嚼时有砂声；劣质面粉有苦味、酸味、发甜或其他异味，有刺喉感。

（6）根据面粉做出的食品质量判断。好面粉做出的面食略带黄色，有弹性，有面食特有香味，面条软滑适口，馒头绵香味厚；超标面粉蒸出的面食异常白亮，无面食香味，如掺滑石粉的面粉，和面时面团松软，难以成形，吃后有胀肚感。

18 哪些粮食制品不宜长期吃

食物是人体最主要的也是最重要的营养来源，是维持生命的物质基础。每天摄入的食物不但关乎我们的生活质量，而且决定着一生的健康。长期食物选择不当，会严重影响身体健康。

（1）方便面。它的主要原料是精白面粉加油脂，是面条加调料包。它只是一种能量食品，不是营养食品，缺乏人体所必需的营养素，缺蔬菜、肉、蛋等。如油炸方便面，用饱和脂肪酸棕榈油快速炸成，含油和致癌物多。方便面中的调味包含抗氧化剂，会伤害肝脏；含油和盐过多，且高温灭菌后其中的各种维生素被破坏。碗装方便面的碗材质是聚苯乙烯，添加了 BHT（可防止食物酸化，能致癌），高温冲泡会使致癌物大量溶出。因此，方便面只能用作应急食品。食用方便面应注意以下几点：①尽量不吃塑料碗包装的方便面；②开水先泡面，到面有点散开时，倒掉开水，再重新冲开水，放入 1/3 ~ 1/2 的调味料；③因脂肪含量较高，不宜作晚餐或夜宵；④食用同时应增吃蔬菜、水果，再加 1 个鸡蛋或少量豆制品；⑤如午餐吃油炸方便面，则晚餐要少吃油，多吃蔬菜、水果；⑥尽可能购买新鲜的方便面，因为其中脂肪易氧化酸败。

（2）膨化食品。膨化食品是指以谷物、豆类、薯类、蔬菜等为原料，经膨化设备加工而成的食品。其种类繁多。膨化食品通常为高脂肪、高糖、高热量、高盐食品，加工膨化食品时要加入泡打粉，这是一种含铝的化学膨化剂，大量摄入对人体健康是有害的。

（3）饼干。不宜长期吃的饼干包括苏打夹心、甜酥夹心、曲奇饼干、早茶饼干（韧性饼干）、桃酥等，不含低温烘烤饼干和全麦饼干。饼干在制作工艺上通常是在面粉中加入脂肪和糖，因此热量很高，高血脂、高血糖患者及控制体重的人应尽量不吃或少吃。饼干中的饱和脂肪酸含量高，经常食用会增加心血管病患病风险。应选择加工工艺尽量简单的饼干。饼干只适合于短时间内需要补充热量的人作应急加餐用，且不宜多吃。每天中老年人少于 30 克，青少年少于 50 克。强化营养素（矿物质和维生素）的饼干要慎吃，原因有以下几点：①人不一定缺某种营养素；②营养素不一定会被吸收利用；③营养素吸收过多对健康不利；④有的营养素不稳定，如维生素 C 做成饼干后已被破坏。

（4）米粉干、米线、年糕等。这些在制作加工过程中营养素往往大量损失，尤其是水溶性维生素损失更多。

（5）捞饭。在米饭即将煮熟时捞出来继续蒸熟，其米汤常被废弃，这会使米汤中含有的大量营养素，特别是水溶性维生素随之流失。

⑲ 油炸食品为什么不能多吃

油炸食品用油炸成，含油量高，能量高，而其他营养素较少。炸油一般都是在 180 ~ 200℃高温下反复加热，会损失掉部分营养素，如脂溶性维生素和脂肪酸。如在炸油条时，面粉中的维生素 B 损失过半，因而油炸面食的营养含量少于馒头、烙饼等普通面食，而脂肪和热量高出很多。用 120℃以上的高温进行煎炸、烧烤、烘焙会产生大量的丙烯酰胺等致癌物，不饱和脂肪酸氧化聚合产生如环状单聚体、二聚体、三聚体、多聚体等多环芳烃化合物以及反式脂肪酸等有毒有害物。富含脂肪和蛋白质的肉类、鱼类等经过炸、熏烤，在高温下，尤其是烧焦、烤焦时会产生苯并芘等致癌物。因此，油炸食品不应常吃，一次不能吃太多，同时应多吃蔬菜和水果。

吃油炸食品时要尽量小口细嚼慢咽，让食品在口腔内停留时间稍长，使唾液与食品充分混合。唾液中含有 10 多种酶，如过氧化物酶、过氧化氢酶等，有解毒作用，可抑制和分解致癌物，每口油炸食品咀嚼约 30 次（约

30 秒钟）可基本上分解掉致癌物。

⑳ 为什么大豆是优质蛋白质

大豆又叫黄豆，其蛋白质含量丰富，约占 35%。其所含氨基酸种类齐全，且比例适当，有 8 种必需氨基酸（人体内不能合成，必须从食物中摄取），且与人体必需氨基酸需要量模式很接近，是唯一的植物性完全蛋白质，与动物蛋白质相似，与所有动、植物蛋白质都能产生良好的营养互补。大豆赖氨酸含量较多，正好弥补谷类食物缺少的赖氨酸，不仅能维持成人健康，还能促进儿童和青少年的生长发育，所以大豆是一种优质蛋白质。大豆脂肪含量占 15% ～ 20%，碳水化合物占 20% ～ 30%，脂肪组成以不饱和脂肪酸为主，约占脂肪总量的 85%。大豆还含较多的钙、铁、锌、硒等矿物质。大豆不含胆固醇，含有多种生物活性物质，如含植物固醇，能阻止胆固醇吸收，降低血液中胆固醇含量，防止动脉硬化。富含磷脂，约占 1.64%，对生长发育、神经活动有重要作用，能激活脑细胞，提高记忆力，适宜神经衰弱和体虚者常吃。其中，卵磷脂含量很丰富，能促进脂肪代谢，预防脂肪肝。大豆含有异黄酮，抗氧化作用显著，可保护肾功能，能有效延缓妇女更年期和绝经期因卵巢分泌激素减少而引起的骨质疏松，改善骨骼代谢。黑豆的异黄酮明显高于黄豆和青豆。大豆皂苷可调节血脂，清除体内自由基，抗血栓，抗病毒，提高免疫力，调节血糖，延缓衰老。大豆富含膳食纤维，可改善便秘。

大豆未加工前蛋白质消化率较低，炒大豆蛋白质消化率不足 50%，煮熟整粒豆为 68%，熟豆浆为 85%，豆腐、豆腐干、豆花、豆芽蛋白质消化率为 92% ～ 96%，其营养利用程度与加工程度成正比。黄豆芽除含有黄豆中原有的营养素，且易被人体吸收利用外，还增加了原来没有的维生素 C。大豆及其制品含嘌呤较多，痛风病人及高尿酸者慎食，肾衰竭、尿毒症、糖尿病、肾病、子宫肌瘤、动脉硬化及溃疡病、胃炎等疾病患者也应慎食。有消化道疾病者应少吃炒黄豆、油汆黄豆。臭豆腐含硫化氢等有毒物质，不是健康食品，也应少吃。

大豆及其加工制品不宜摄入过多，因为蛋白质要经过肝脏代谢和肾脏排泄，摄入过多，体内生成含氮废物就增多，会加重肝肾负担，促使肾功能衰退；引起消化不良，腹胀腹泻；易使胆固醇和甘油三酯沉积于动脉管壁上，促使动脉硬化；嘌呤含量较高，促使痛风。豆腐性偏寒，胃寒、易腹胀腹泻、脾虚及常遗精的肾亏者不宜多吃。根据《中国居民膳食指南（2016）》，一般人群每人每天建议吃大豆类 20 ～ 25 克，约相当于北豆腐 60 克，南豆腐 110 克，豆腐干 45 克，内酯豆腐 120 克，豆浆 360 ～ 380 毫升。

21 如何选购安全的大豆制品

由于大豆制品的生产工艺简单，生产条件要求不高，容易出现违法生产的豆制品，从而产生一些潜在危害。建议尽量到有冷藏保鲜设备、有合法经营资质的正规商店购买大豆制品，做到少量购买、及时食用。未食用的大豆制品宜放在冰箱里保存，如发现表面发黏时，请不要食用。

目前，市场上出现的不合格大豆制品主要有以下几种情况，购买时要特别注意。

（1）违规使用添加剂的大豆制品。有的不法厂家、作坊，为了延长保质期或让豆制品更好看，在豆制品中加入禁用的苯甲酸钠或胭脂红等添加剂；有的用工业原料碱性橙Ⅱ浸染豆腐皮，使之呈发亮的金黄色。过量摄取这些添加物，可能有害人体健康。

（2）用医院废弃的或工业石膏粉生产豆腐。这些非食用石膏粉生产的豆制品，含有病原菌、重金属和其他有毒物，严重时可诱发重金属慢性中毒。这种豆制品很难从外表颜色上加以辨别。

（3）用霉变大豆做豆腐。发霉变质的大豆含有霉菌毒素，会诱发人体慢性病。

（4）漂白腐竹。有的腐竹颜色特别白，很好看，那是添加了漂白剂，食用后对人体健康有害。优质的腐竹呈淡黄色，有光泽，为枝条或片叶状，质脆易折，条状折断有空心，无霉斑、杂质、虫蛀，具有腐竹固有的香味，无异味，热水浸泡后有腐竹固有的鲜香味。劣质腐竹呈灰黄色、深黄色、黄褐色，色暗而无光泽，有虫蛀、霉斑、碎块或杂质，有霉味、酸臭味及其他异味，热水浸泡后有苦味、涩味或酸味等。

（5）伪劣臭豆腐。有的人用绿矾、硫化钠、阴沟污泥生产假冒臭豆腐，吃了这种臭豆腐可能感染多种疾病，损害人体健康。臭豆腐因含有很多硫化氢、硫醇、氨等，对人体有害，不宜多吃。

（6）用化肥如尿素、硝铵或激素如"无根素"生产豆芽。使用化肥生产豆芽能缩短 3 ~ 7 天的生产期，而且豆芽更好看。区别豆芽优劣的方法：用有害物质浸泡过的豆芽粗壮、白嫩、无细根；折断豆芽有水冒出，是催生的豆芽，无根或根少而短；优质豆芽稍细，芽脚不软、脆嫩，折断后无水冒出，无烂根。

㉒ 为什么长期摄入铝会使人发生慢性中毒

铝是对人体有毒害的金属，它主要从天然食品、含铝添加剂食品、含铝药剂、铝制炊具和饮用水等进入人体内。含铝添加剂食品，如做油条、粉丝、粉条、凉粉、膨化食品、添加过面粉强筋剂的面粉和蛋糕等时，违法加入明矾（硫酸铝钾）作膨松剂，造成铝含量超标。每天吃 50 克以上的油炸食品或发酵食品（不包括酵母菌发酵），铝含量便有可能超过最高允许量。有些蒸制面食如馒头、包子等因含磷酸铝钠盐或硫酸铝钠盐等发酵粉（因成本低、口感好），铝含量也会超标。用铝锅炒菜，烧煮或贮存有醋、盐等调味品的食物和汤也会导致铝含量超标。用铝锅加醋炒菜比不加醋炒菜铝含量平均增加 0.73 倍,煮菜汤铝平均增加 1.9 倍。新铝锅做菜放出铝较多,随铝锅使用次数增多,醋、盐等对铝锅的腐蚀作用和操作时磨损,菜汤中铝的含量更多。铝水壶烧开水,铝含量增加 3 ~ 20 倍。铝制品盛放醋、糖、碱、酒、盐、果汁等,铝罐装饮料,其中物质会与铝发生缓慢化学反应而放出铝,使铝超过最高允许浓度或限量。

我国高铝食品添加剂和铝食具、炊具使用仍十分普遍,人体长期接触这些含铝物品,长年累月,铝积蓄在体内,不能排出,将造成慢性中毒。铝破坏神经细胞内 DNA 功能,阻滞神经传导,引起神经系统病变,干扰人的意识、思维能力、记忆功能,导致记忆力减退、智力下降,易使人患阿尔兹海默病;铝会沉积在骨质中,造成钙流失,引起骨骼软化,诱发胆汁郁积性肝病、小细胞低色素性贫血、卵巢萎缩等,加速人体衰老进程;铝还会妨碍人体对钙、锌、铁的吸收,对少年儿童发育影响更大。成人每人每日允许摄入铝量为 1 毫克 / 千克体重。

23 怎样预防铝对人体的毒害

(1)病从口入,严格把关,杜绝含铝食物、饮料等。铝一旦进入体内,就不能排出。另外,不吃或尽量少吃油条、油煎饼、膨化食品。

(2)馒头等发酵食品用干酵母代替含铝盐发酵粉。

(3)不用铝锅炒菜煮饭,尤其不能用生铝锅炒菜,改用铁锅或不锈钢锅。不用铝锅烧含醋等酸性调味品的菜,也不能用铝容器贮存各种熟菜和汤,不用铝铲勺等。

(4)不喝用铝罐盛放的果汁、酒类等饮料。

(5)不要将铝锅接触食物的内面擦亮,因铝锅表面有一层暗灰色的保护层,这是氧化铝,可有效防止铝被腐蚀和溶出。这层保护层如被擦坏,铝会不断溶出。

（6）如饮用水中含铝，则不能用，或必须经处理后再用。

24 黄曲霉素怎样危害人的健康

黄曲霉素是由黄曲霉菌等代谢产生的一组毒素。黄曲霉广泛分布于土壤、动植物和各种食品中，凡被黄曲霉菌污染的粮食、食品和饲料都可能有黄曲霉素。其生长繁殖的最适温度为 26 ~ 28℃，最适空气相对湿度大于 85%。其产毒温度为 12 ~ 42℃，最适温度为 26 ~ 32℃。黄曲霉素目前已知有 10 多种，其中黄曲霉素 B_1 是最常见、毒性最强的一种，比剧毒化学物氰化钾的毒性高 10 倍，比砒霜高 68 倍，人体每天摄入仅 10 微克就可诱发肝癌、胃癌、食道癌，还有致畸、致遗传基因突变作用。它是一类肝毒素和细胞毒素，有明显慢性毒性，对人和动物的肝、肾、大脑和神经系统等均会引起病变。其主要中毒症状有恶心、呕吐、黄疸、肝区疼痛、胃大出血而死亡。它对婴幼儿毒性很大。畜禽也易中毒，对幼畜禽毒害更大。

我国南方梅雨季节，高温高湿、闷热，最有利于黄曲霉繁殖，以花生及其制品、玉米、棉籽、一些坚果类食品如核桃等和饲料发生最常见、最严重，其次为稻谷、大米、小麦、大麦、高粱、芝麻、奶及奶制品等，以大豆等豆类发生最轻。种子含水量高，容易引发黄曲霉素繁殖，花生、玉米种子含水量大于 18%，最易发生。贮存环境高温潮湿，不通风，种子破损，受虫害、鼠害等，黄曲霉发生较重。被黄曲霉寄生的榨油原料如花生、玉米胚芽、米糠和棉籽等，其榨出的油中溶有黄曲霉毒素。以污染黄曲霉的饲料喂养畜禽，其产生的蛋、奶、肉等都含有黄曲霉毒素。饲料中每 65 个单位的黄曲霉素有 1 个单位转移到牛奶中，有 0.1 个单位转移到畜禽肉中。

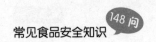

25 如何预防食品中的黄曲霉素

由于黄曲霉素中毒后无特效药物，必须做到预防为主。

（1）预防食物发霉是最好最重要的方法。预防食物发霉：①降低原料含水量，稻谷、大米、小麦等含水量少于 13%，花生仁少于 8%。严格把好原粮入库关，凡不合格原粮一定要处理达标后才能进仓。②控制贮存场所温度、湿度条件，低温通风贮存、气调贮存、封闭隔氧贮存，防治虫害、鼠害等。定期检查，发现发霉要及时处理。③饲料中添加防霉剂如丙酸钙或丙酸钠、碘酸钙、山梨酸等，霉菌吸附剂如沸石、膨润土、活性炭、铝硅酸盐类、有机物类等。④阳光暴晒 6 小时以上可破坏黄曲霉素含量 1/2 以上。γ 射线、红外线、远红外线、微波、激光等都能破坏黄曲霉素。

（2）不食用发霉变质的食物及其加工品。

（3）花生、玉米等原粮如有少量黄曲霉应反复多次搓洗，一直至水变清为止，可洗去大多数黄曲霉菌。

（4）加碱破坏毒素，如氢氧化钙（石灰水）、碳酸钙、碳酸钠和氢氧化钠等。2% 碳酸钠煮玉米 5 ~ 10 分钟，能显著降低黄曲霉素，且不影响人食用。挑除发霉变质、破损、虫蛀粮粒。污染黄曲霉的大米，其毒素主要在大米表层，经碾轧加工，可除去较多黄曲霉素。将玉米磨成 3 ~ 4 毫米碎粒，用清水浸泡，每天换水 3 ~ 4 次，连泡 3 天，可除去绝大多数毒素。此外，臭氧、甲醛、含氨化合物，以及酸、氧化剂、还原剂、氯化物及盐类等也能破坏毒素。

（5）高温加热。轻度污染的花生经爆炒或油炸能破坏黄曲霉素，经压力锅蒸煮更好。植物油如被少量黄曲霉素污染，烹调时可先将油加热，冒微烟加入适量食盐，待油沸后再炒菜。

26 **小麦和玉米赤霉病毒素对人体健康有哪些危害**

污染了赤霉病毒素的小麦和玉米的病籽粒往往皱缩、干瘪、灰白色无光，有粉红色或黑色霉，籽粒质地松散，手捏易碎，有霉味，不但造成减产，降低品质，而且含有毒素，引起中毒。多种毒素中以单端孢霉烯族毒素中的脱氧雪腐镰刀菌烯醇（DON，又称呕吐毒素）毒性最强，食品中只要检出就不能食用，其含量大于 2 毫克 / 千克就不能作饲料。还有赤霉烯酮和 T2 毒素等。

一般在麦收后吃了被赤霉病毒素污染的新麦发生中毒的较多，也有误食库存的病麦、病霉玉米籽粒的，常在吃后 2 ~ 4 小时出现中毒症状，重的十多分钟至半小时。中毒症状主要有恶心、呕吐，也有腹痛、腹泻、头昏、头痛、嗜睡、流涎、乏力，少数患者发烧、怕寒等。一般约过 1 天症状会自行消失，重的约 1 周后症状消失。

27 **何谓反式脂肪酸？对人体健康有何害处？如何减少反式脂肪酸的摄入**

饱和脂肪酸的碳原子间均为单键结合，如大多数动物脂肪（鱼油除外）在室温下为固态。不饱和脂肪酸的碳原子间有 1 个（单不饱和脂肪酸）或多个（多不饱和脂肪酸）双键结合，如大多数植物油（棕榈油、椰子油除外）在室温下为液态。双键有两种形式，即顺式和反式，顺式键形成的不饱和脂肪酸，如大多数植物油，在室温下为液态；反式键形成的不饱和脂肪酸叫反式脂肪酸，在室温下为固态。反式脂肪酸就是以植物油为原料，经高温、加压，加催化剂后，通过部分氢化作用产生的油脂。说到底，反式脂肪酸是一种人造脂肪，其价格相对低很多。

反式脂肪酸有百余年的历史，作为饱和脂肪酸的代用品，在 20 世纪 80 年代开始被使用。与饱和脂肪酸和不饱和脂肪酸不同，反式脂肪酸是人造的，来自对植物油的改造，即将植物油通过加氢硬化，即氢化油，其目的是防止油脂被氧化变质，延长油保存期和货架期，改善口感，增加美味，类似黄油和奶油口感，炸食品时起酥化作用，使食品更酥脆，而成本很低。凡含有氢化油的食品，都含有反式脂肪酸。在天然食品中，反式脂肪酸含量很少。人们吃的反式脂肪酸的食品，大多来自含有人造奶油的食品。

一般脂肪摄入后，7 天就代谢了，而反式脂肪酸很难被人体消化吸收，在体内 51 天才开始代谢，容易导致生理功能多重障碍，是人类健康的杀手。尤其对青少年、孕妇和乳母伤害更大，抑制胎儿、婴幼儿、青少年的生长发育。洋快餐等含有多量反式脂肪酸的食品对人体健康的害处主要有：

（1）发胖。反式脂肪酸促肥胖力度为普通脂肪的 7 倍，是饱和脂肪酸的 3 ~ 5 倍。其导致的肥胖主要积累在腹部内脏，会加重高血压、糖尿病症状。

（2）引发冠心病。反式脂肪酸对心血管系统的不利影响是目前研究最多也是得到肯定的。它能升高坏胆固醇，降低好胆固醇，促进动脉硬化，增加心血管疾病风险。

（3）形成血栓。反式脂肪酸会增加人体血液黏稠度，堵塞血管，易导致血栓形成，对血管壁脆弱的老人危害尤重。

（4）孕妇和哺乳期妇女过多摄入会影响胎儿健康。其可通过胎盘或乳汁被动进入胎儿和婴幼儿体内，影响正常生长发育。

（5）影响男性生育能力。对男性雄性激素的分泌，对精子的活动性产生有害影响，降低产生性激素所必需酶系统的活性。

（6）影响青少年对必需脂肪酸的吸收，对青少年中枢神经系统的生长发育造成不良影响。

（7）降低记忆力。反式脂肪酸抑制一种能增强人体记忆力的胆固醇，故在青壮年时吃得过多，老年时易患阿尔兹海默病。

（8）诱发乳腺癌、结肠癌、前列腺癌等。因其能降低人体抗癌的酶系统活性，故会增加癌风险。

（9）降低免疫反应能力，降低人体抵抗力。

想要减少反式脂肪酸的摄入，需做到以下几点：①洋快餐尽量少吃，最好不吃。特别是对青少年，要严格加以限制。②不吃或少吃标有植物氢化油、精炼植物油、人造奶（黄）油、人造植物黄（奶）油、烤酥油、植物奶精、奶精、植物脂肪、人造脂肪、起酥油、高级酥油、液态酥油、植物起酥油、麦淇淋、植脂末等成分的食品。③含反式脂肪酸多的食品，包括油炸食品、焙烤食品等，如炸薯条、炸薯片、炸鸡块、油炸方便面、方便面、麻花、营养麦片、早餐谷物、薄脆饼干、油酥饼、奶油蛋糕、奶油面包、夹心蛋糕、注心蛋糕、泡芙、炸面包圈、洋葱圈、沙拉酱、巧克力、威化巧克力、冰淇淋、咖啡伴侣、速溶咖啡、珍珠奶茶、奶糖、蛋黄派、草莓派等，要少吃。④炒菜时油温要低些，不要等到油冒烟再炒。炸过的油不能反复使用。油温太高或反复油炸，会使一些顺式脂肪酸变成反式脂肪酸。⑤尽量控制饮食中的反式脂肪酸，摄入量最好不超过总能量的1%。⑥多吃新鲜蔬菜水果。

28 如何选购质量好的食用植物油

（1）看油色。好的油肉眼看应澄清，透明度好。色拉油颜色浅一些的要比深色的好，但颜色太浅，甚至发白也不好。差的油色较深（芝麻油除外）。如油脂中含有碱脂、类脂、蜡质和水量较多，会出现混浊或沉淀物。

（2）嗅气味。取1滴油于手掌心上，双手打转搓一下，好的油有植物香味，无异味；差的油有异味、怪味，如哈喇味或刺激性气味。

（3）油有无分层。无分层的油是未掺假的油，有分层的油可能是掺假的混杂油。

（4）冷藏。油放到冰箱冷藏室，过半小时后观察，如有冻结则可能含有质量差的棕榈油，但花生油在低温时也会冻成猪油状。

（5）加热。油加热到150℃倒出，好油无沉淀，差油有沉淀。

（6）看标签。选油桶标签上亚麻酸（ω-3脂肪酸）含量高的油，即选亚麻籽油、核桃油、菜籽油、大豆油、麦胚油所占比例大的油。

（7）尽量选择大企业生产的知名品牌的油。

（8）食用植物油怕热，阳光、水分、氧气会加速油脂酸败（哈喇味），因此尽量购买离生产日期近的油。一次买油不要太多，以保证在保质期内食用完。

（9）不要买散装油。原因有以下几点：①不知道油的种类和生产厂家；②可能是已过期或将要过期的包装油拆散零售；③可能是伪劣掺假的油；④散装油已暴露空气较长时间，极易变质或即将变质。

29 吃油过多为什么危害人体健康

《中国居民膳食指南（2007）》指出，正常人群每天食用油为25克。摄入油过多，尤其是摄入饱和脂肪酸和反式脂肪酸过多会引起严重危害。

（1）超重或肥胖。在所有食品中，油脂的单位能量最高，1克油可提供37.7千焦能量，如果每人每天多摄入15克油（约1汤匙半），过剩的能量就会转化为脂肪贮存在人体内，1个月后体重可能增加700～800克，1年内可能增重10千克。

（2）易患心脑血管疾病。超重或肥胖可引发一系列健康问题，如增加患高血压、高血脂、糖尿病、冠心病、脑梗死、脂肪肝等风险。摄入油过多会导致血液中脂肪酸过多。脂肪酸过剩时，将主要以甘油三酯的形式贮存，从而造成血脂增高。过多的脂肪会附着沉积在血管壁上，造成动脉硬化和血栓形成，引发心脑血管疾病。

（3）诱发癌症。油炸食品含大量的丙烯酰胺等致癌物。部分恶性肿瘤，如结肠癌、乳腺癌、前列腺癌等，与摄入油过多有直接或间接关系。

30 怎样控制油摄入量

油主要通过饮食摄入到人体内，控油要在购买食品时开始，从源头控制好油量。

（1）多买鱼和豆，少买肉。鱼类含高蛋白质、低脂肪，富含不饱和脂肪酸。豆类富含蛋白质，少油脂。

（2）选购低脂肉。猪肉脂肪含量最高，即使是瘦猪肉，其脂肪含量也多于牛肉、鸡肉。猪肉中里脊的脂肪最少，约占 8%；其次为肘子肉，约占 28%；排骨肉、五花肉中则高达 60% 以上。鸡肉中的胸脯肉约含脂肪 5%，鸡腿肉约 13%。各种香肠的脂肪达 20% ~ 30%，部分高达40% ~ 50%，应少买或不买。

（3）少吃其他含脂肪量高的食品。每 100 克食品中脂肪含量为：蛋黄 28.2 克，方便面 21.1 克，花生 44.4 克。此外，畜肉（猪皮、猪脚、猪蹄膀、猪大肠、牛腩等），禽肉（鸡、鸭皮、鸡脚、翅膀等），奶制品（全脂奶、全脂奶粉、炼乳、冰淇淋、奶酪、沙拉酱、鲜奶油等），油炸食品，炒面、炒饭，坚果（核桃、松子、杏仁、开心果、腰果、夏威夷果、花生、瓜子、芝麻等），糕点（蛋糕、桃酥、月饼、饼干、萨琪玛、肉粽、绿豆糕、牛奶糖、巧克力等）不宜多吃。

（4）烹调时多蒸、煮、炖、炒、微波等烹饪方法，少煎炸。油条、油饼等淀粉类煎炸食品含脂肪多于 20%，炸鸡腿、炸羊肉串、炸鱼等肉类煎炸食品脂肪多于 30%。蒸、煮、凉拌菜少加油，菜汤要清淡，肉汤最好撇去表面的油。

（5）用有刻度的油壶，控制油的摄入量。

（6）少进餐馆，少吃高脂饮食。多吃清淡主食、杂粮以及蔬菜水果，少吃油炸食品、含油高的糕点。

㉛ 如何控制烹调时油冒烟

不同油因所含脂肪酸结构不同，达到冒烟时的温度也不同，即介于熔点和沸点之间的温度，简称冒烟点。如葵花籽油、红花籽油、亚麻籽油的冒烟点约107℃，大豆油、玉米油、橄榄油、花生油约160℃，猪油为182℃，冒烟点较高的油有椰子油、葡萄籽油、杏仁油、菜籽油，为216～252℃。超过冒烟点，且保持较长时间，不饱和脂肪酸有可能变为反式脂肪酸。长时间高温油炸，使厨房充满油烟。油烟的主要成分是由甘油聚合产生的丙烯醛，其有强烈辛辣刺激味，会引起呼吸道疾病，还会产生致癌物苯并芘，诱发肺癌。目前市场上销售的烹调油含杂质少，烟点有很大提高，炒菜时不要等到油冒烟后才放菜。如果油热至冒烟，油温可能会达到200℃以上。

烹调时如何不使油温过高，如何不使油冒烟？

（1）热锅冷油炒菜。炒菜时先烧热锅子后放油炒菜。

（2）在油锅中放1小块菜叶、葱叶或其他绿叶菜叶，如在菜叶四周冒出气泡，却不会很快变焦黄，就是合适的烹炒油温。如菜叶很快变黄焦，则油温过高。

（3）食物烹炒不久，加入少量的水，稍焖煮片刻，待水蒸发到快要干时，开锅猛火不断快炒至熟透，调小火加油和调料再出锅。这样烹调锅内温度不会过高，可控制在100℃左右。

（4）先加少量水，沸后加菜，煮至七八成熟后再加油快炒。

（5）菜煮熟或蒸炖熟后加油凉拌。芝麻油、葵花籽油和橄榄油不宜加热，适用于凉拌和调味或调馅时使用。花生油适用于一般炒菜。玉米油、大豆油对热稳定性较好，可用于制作煎炸食品。烹调时可热锅热油，但不要反复煎炸。

(32) 部分油脂为什么有哈喇味

食用油和含脂肪多的食品，贮存不当或贮存过久，会产生哈喇味。这是由于贮存环境温度过高或油桶开启后长期不用，油脂在氧气、紫外线等作用下氧化分解酸败，产生低级的脂肪酸、醛和酮等过氧化脂质类毒物，脂溶性维生素也减少了。食油的氧化变质是个连锁反应，有很强的侵染性，如将新鲜油倒入旧油壶（罐）中，新鲜油将会较快变质，出现酸败的哈喇味，并破坏油脂的营养成分，有害人体健康，损害人体中的酶，促人衰老。酸败油中还含有致癌物质。有的油虽然透明，但散发刺激眼鼻的辛辣味，这是因油中的过氧化物增多。这种油不能食用。哈喇味重的油吃后会中毒，其症状是头晕、恶心、呕吐、腹泻等。猪油还会酸败胆固醇，引起动脉硬化。

小常识

怎样区别酸败油

相比正常油，酸败油的颜色浅，混浊，黏度增大，有哈喇味，吃起来有苦辣味。

(33) 怎样减少油脂酸败

（1）油不要贮存过久，尽量吃新鲜的油。不要多买，一次购入 1～3 千克即可。

（2）贮油瓶最好用深颜色，避光放置，减少光透入，不能用无色透明瓶。食用油产生酸败的时间，棕色油瓶比白色油瓶延长约 50%。油瓶用前要洗净干燥后再用，以防止水分杂质混入，促进油脂酸败。

（3）油存放在无阳光照射、阴暗避光的地方或柜里。良好的贮油环境和贮存方法能防止油脂食品酸败。

（4）油离热源远些，不使受热。如果存放温度过高，会加速微生物生长和酶类活力，促进油脂酸败。油及高脂食品应存放在较低温度下，但不能低于 0℃，因为油和高脂肪食品，在冰结的情况下更易酸败变质。

（5）用较小、有盖、可密闭的油瓶盛油，隔数天从大桶内取一次油。小油瓶过一段时间要更换。

（6）保证油脂纯度，尽量减少残渣混入油中。

（7）油瓶、油桶要加盖密封，尽量减少启开盖子的次数。瓶内空气尽量少些，最好贮满油瓶，防止空气、水分进入，可加少量花椒、大茴香、桂皮、丁香或维生素 C 等。

（8）用于食品包装的塑料制品容器可以贮油，但不宜存放太久，因增塑剂邻苯二甲酸酯类等进入人体过多有害健康。

同样的道理，凡有哈喇味的各种油炸食品、熟食、咸鱼、虾皮、糕点，含油多的干果如核桃、花生、瓜子、葵花籽等都不能食用。

34 看似异常的食用油如何处理

（1）油中出现浅色如云絮状的悬浮物，这是因油中低凝固点物质未分离干净。只要将油加热，这种云絮状悬浮物即可消失，一般不影响食用。

（2）油瓶底部沉积出现颜色较深的物质，这是生产时原料中的饼屑或其他杂质未除干净，只要油无异味，可将上层油倒出，弃去沉淀物后仍可食用。

（3）低温时油大部或全部凝固，待室温升高或油加温就会恢复液体状，如花生油，这种现象是正常的。

（二）
蔬菜水果安全

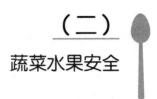

(35) 当前市场上蔬菜水果的安全性如何？还存在哪些主要的安全问题

据杭州市质量技术监督局公布的 2010 年上半年食品质量安全指数，对时鲜蔬菜等 18 类食品进行检测，检测范围涉及 1806 家企业生产的 1870 批次食品，15.5 万余批次蔬菜，其总指数为 98.45，其中时鲜蔬菜为 99.24、豆制品为 99.27。

消费者不可能对每种买来的食品都进行检测，也无法预知以后会发生什么样的食品安全事件。面对已经发生和可能发生的食品安全问题，不要盲目恐慌，应关注和重视，学会防范。因为担忧食品的安全性，这也不敢买，那也不想吃，造成人体营养素缺乏和失衡，所产生的风险可能超过农药残留的危害。

因夏秋季的叶菜类用药较多，当前，在农贸市场，特别是一些缺乏农药残留检测设施的农贸市场，流通农药残留超标食品的情况仍较多。如大蒜、洋葱、韭菜等和薯芋类的重金属超标；部分干果干菜如金针菇、南瓜籽等检出漂白剂和二氧化硫；有些反季节蔬菜、大棚蔬菜、水果等激素含量较高。

36 什么叫放心菜、无公害菜、绿色蔬菜和有机蔬菜

（1）放心菜。放心菜是指经农药快速检测测定合格的蔬菜，人吃后不会造成急性中毒，但只检测有机磷类农药，不检测其他农药和有害物。

（2）无公害菜。据我国农业部规定，产地环境、生产过程、最终产品质量符合国家和农业行业无公害农产品标准和规范，经产地或质量监督检测机构测定合格，使用无公害农产品标志的农产品称为无公害农产品。无公害农产品中蔬菜即称为无公害菜，其主要特征是农药残留、重金属、硝酸盐等各种污染有害物控制在国家规定范围内，不超标，生产环境无污染，种植过程完全按规定、按比例、有计划用药施肥。被冠名无公害菜的蔬菜要求经过以下审定和检测：①对生产基地审定，对土、水、空气等生产环境质量进行检测；②按技术规程施肥用药和管理；③产品进入市场前经质量检测，即农产品从生产方式、产地环境、技术规程、产品进入流通领域等各个环节都要有严格的质量检测标准。无公害菜的卫生指标是农药残留不超标，无剧毒农药，硝酸盐含量、工业"三废"和病原菌微生物等有害物不超标。

（3）绿色蔬菜。绿色蔬菜应具备以下条件：①产品原产地必须符合农业部门制定的绿色食品生态环境标准；②产品加工过程要符合农业部门制定的绿色食品生产操作规程；③产品本身符合农业部门制定的绿色食品质量和标准；④产品外包装符合国家食品标签通用标准中绿色食品特定包装和标签规定。绿色食品又分为 AA 级和 A 级。AA 级不允许使用化学合成的肥料、农药和任何激素，而 A 级限定化学合成的肥料和农药的品种、浓度和时间，允许使用天然植物激素，禁用人工合成植物生长调节剂。

（4）有机蔬菜。有机蔬菜是指来自有机农业生产体系，根据国际有机农业生产要求和相应标准加工的，并通过独立的有机食品认证机构认

证的农产品。根据国际有机食品的通则要求,有机食品要求原料基地在最近三年内未使用过农药、化肥、除草剂、植物生长调节素等违禁物质。有机食品种子或种苗来自于自然界,未经基因工程技术改造过。通常有机蔬菜的营养物质如维生素 C 含量比一般蔬菜高许多,其他维生素和矿物质含量也比较高。有机蔬菜水分含量比一般蔬菜低许多,但甜味却比较高,所以有机蔬菜吃起来比较有味道。

37 如何选购卷心菜

卷心菜是老百姓餐桌上的常见蔬菜,这类蔬菜中含有植物化学物质——异硫氰酸酯和吲哚等,这类化合物已经被证实具有很好的抗癌作用。挑选卷心菜可以参照以下几点:

(1)看外表。挑选外表光滑的卷心菜。外表有黑色洞洞的是虫子咬过的痕迹,而看上去白花花不均匀的可能是农药点得不好形成的,遇到这样的卷心菜都不要购买。

(2)看颜色。通常卷心菜是绿色和白色混掺的,一般绿色部位是嫩叶,而白色部位是菜帮。喜欢吃嫩菜叶的,可以挑选绿色部分较多的卷心菜;喜欢吃脆而硬的菜帮的,可以挑选外表白色部分较多的。

(3)掂分量。应季的卷心菜因为很新鲜,所以普遍很沉。如果掂着卷心菜感觉很软,重量轻,说明这颗卷心菜一定是存放了很长时间了,不建议购买。

(4)看菜帮。蔬菜的生长靠的是根,而采摘也是从根部开始的。观察卷心菜根部的颜色,如果是淡绿偏白色的,那么说明卷心菜是很新鲜的。

(5)捏菜心。新鲜的卷心菜因为水分足,所以很硬。捏一捏卷心菜的外表,如果很松软,说明水分流失得很严重,已经不新鲜了。

38 顶花黄瓜是怎么来的

顶花黄瓜，部分是由于黄瓜自然单性结实产生的，也有个别是使用植物激素使黄瓜快速生长与单性结实结合而出现的。

我国允许黄瓜生产中使用氯吡脲等 9 种植物激素。即使是使用了植物激素，黄瓜中的残留量也很低，因为植物激素使用剂量很低，过量使用反而会使黄瓜成为僵果，顶花脱落。根

顶花黄瓜

据农业部农产品质量安全风险评估实验室（杭州）于 2015 ~ 2016 年对全国黄瓜等 36 种果蔬中植物激素残留风险评估结果，801 个样品中植物激素的平均残留值仅为 0.002 ~ 0.059 毫克 / 千克，无一超标。

39 未充分腌透的咸菜、泡菜为什么不能吃

腌咸菜、泡菜时，蔬菜中的硝酸盐在乳酸菌及硝酸盐还原酶的作用下，还原生成亚硝酸盐。亚硝酸盐可将人体血液中的二价铁血红蛋白氧化成三价高铁血红蛋白，使其失去携氧输氧功能，从而导致人体组织缺氧中毒。在酸性条件下，亚硝酸和人体内的仲胺结合，形成亚硝酸胺。亚硝酸胺是重要的致癌物，可引起人体组织器官癌变，导致食道癌和胃癌，其对肝、咽喉、食道和胃危害最大。

传统方法腌的菜，一般 1 千克含亚硝酸盐约 0.25 克。亚硝酸盐含量在腌泡菜 4 小时后开始产生，第 3 天后显著增多，第 6 天达最多，第 9 天后开始下降，一般在腌后 30 天基本消失。腌菜加盐量少于 12% 或温度高于 20℃，腌菜中的亚硝酸量多，如腌菜腐烂变质则更多。蔬菜贮存过久腐烂和煮熟的剩菜放置过久，也会因细菌发酵产生亚硝酸盐。有的腌肉、咸鱼制品中含过量的硝酸盐。有的地区饮水中硝酸盐含量较高，

用这种水煮的食物，盛在不洁容器内放过夜，也会产生多量亚硝酸。

40 如何预防和治疗亚硝酸盐中毒

腌制类食品是中国的传统食品，深受人们欢迎，种类主要有咸菜、咸蛋、咸鱼、咸肉等。腌制食品中含有亚硝酸盐，长期食用对人体健康会产生一定的危害。为避免过多食用亚硝酸盐，建议大家尽量少食用腌制食品。

预防亚硝酸盐中毒要做到：①不要食用未腌透或者新腌的菜。②咸菜中如果含有较多的亚硝酸盐，可用清水浸泡除去。咸菜切碎在，凉开水中浸9小时，隔3小时换水1次，使亚硝酸盐溶于水中弃去，再沥干加调料即可食用。另外，在阳光下晒也会分解部分亚硝胺。③叶菜类蔬菜一次别吃太多。可先开水焯5分钟，弃汤后再烧。④剩菜放冰箱冷藏室，不能在高温下存放过夜，特别是剩蔬菜最好不吃。

吃咸菜宜搭配的食物：①陈皮含黄酮类、多糖等，能与亚硝酸盐反应，阻止亚硝胺生成。吃腌菜、咸肉、咸鱼时，可将陈皮6克冲开水（高于60℃）150毫升，再加几滴醋泡半小时后饮用；②番薯含黄酮类，是抗氧化剂，能阻止亚硝胺合成，且富含膳食纤维，促进有害物排泄，可煮番薯米饭或粥吃；③青椒能有效抗亚硝酸钠诱发的细胞微核突变，可拌青椒丝或榨青椒汁搭配腌制品。洋葱、大蒜、草莓、甘蓝也能消除亚硝酸胺，富含维生素E及类胡萝卜素的菜果也有相似的作用。

吃咸菜不宜搭配的食物：①鱼、油炸鱼，不饱和脂肪酸含量高，易被氧化与亚硝酸盐易生成亚硝胺；②肉类在油炸等加工时产生胺类，能生成亚硝胺；③含胺类药物，会加大亚硝酸盐与胺的化学反应。

41 怎样煮豆浆才安全

生大豆有红细胞凝血素、致甲状腺肿素、皂苷、胰蛋白酶抑制剂等。未熟豆浆有豆腥味，这是因大豆中存在的脂肪氧化酶促使大豆中的不饱和脂肪氧化而产生了有腥味的醛、醇、酮等挥发性物质。这些有害物质，只要经彻底烧煮，都会被分解破坏，所以煮豆浆的时候应充分煮熟。充分浸泡并用酸处理可以促使大豆容易煮熟。将 50 克大豆加 250 毫升水，并加 1/4 个柠檬或 1 小杯醋，浸泡 3 昼夜后研磨煮沸即可。大豆含有皂苷（皂角素），有受热膨胀的特点，有很强的起泡性，故当豆浆煮到 70 ~ 80℃时就会出现大量泡沫，让人误认为已煮沸，实际上并没有煮熟。此时应小火慢煮，继续加热直到泡沫完全消失，然后再加热 5 分钟以上才可以安全食用。

42 菜豆（四季豆）等为何必须充分煮熟吃

菜豆、扁豆、刀豆等豆荚和种皮中含有皂苷，对胃肠道有强烈的刺激性，可刺激胃肠道黏膜产生炎症反应，还含有溶血素，易侵入血液中的红细胞，攻击红细胞导致溶血，引起黏膜充血、肿胀、出血性炎症。豆粒中含有细胞血凝集素等有毒成分，对血细胞有凝集作用。中毒后发病快，病程短，食后 1 ~ 6 小时即开始出现恶心、呕吐、腹痛、泻水样便等，重者呕血、头晕、头痛、四肢麻木、胸闷、心慌、冷汗或伴有低热。轻者可在 1 ~ 3 天内恢复，少数重症可发生溶血性贫血。

因吃未煮透的菜豆等引起食物中毒的事件，每年夏、秋季在集体食堂等时有发生，主要原因是锅小豆多，翻炒不匀，受热不匀，不易将豆荚炒烧熟透；有的先将豆荚在开水中焯一下再炒，误认为已炒熟了，实际上并未熟透；有的为了保持豆荚绿色好看，未把豆烧熟。

预防生菜豆中毒方法很简单，确保里外煮熟透，就可将皂素和溶血素破坏分解失毒。豆荚外观由绿色变为黄绿色，发软，吃时无僵硬感，无豆腥味，就表示已熟透。豆荚两端及荚丝含有较多毒素，要先除去。

　　中毒轻者经过休息可自行恢复，用甘草、绿豆煎汤饮服也有一定解毒作用。重者应及时送医院对症治疗，通过洗胃、输液、利尿排除毒物。

㊸ 如何诊断毒菇中毒和识别毒菇

　　菇是一类高等真菌，有很高的食用价值，有的还能药用。但也有些菇有毒，误食会引起中毒。我国已知毒菇有 100 多种，其中剧毒菇有 10 多种。各种毒菇所含的毒素不同，有几种毒菇所含毒素基本相同，也有一种毒菇含多种毒素、一种毒素存在于几种毒菇中的情况。毒素多耐热。因毒素不同，引起的中毒症状也不同，较复杂。按各种毒菇中毒的主要表现，大致分为 4 种类型，即胃肠类型、神经精神型、溶血型和中毒性肝炎型。

　　毒菇中毒的临床表现虽各不相同，但潜伏期一般为 2 ~ 11 小时，起病时多有恶心、呕吐、腹痛、腹泻症状，如不问食菇史常易被误诊为肠胃炎、菌痢或一般食物中毒等。遇到此类症状的病人，尤其是夏秋季呈 1 户或数户同时发病时，应考虑毒菇中毒的可能性。如有吃野生菇史，结合临床症状，诊断不难确定。如能从现场找到菇，或以饲养动物证实其毒性，那就更完善。

　　如何识别毒菇：

　　（1）颜色。毒菇色彩鲜艳，有斑点，多金黄、粉红、黑、绿等色，无毒菇多为黄色、咖啡色、淡紫色或灰红色。

　　（2）形状。毒菇一般形状怪异，较黏滑，菌盖上沾些杂物或生长一些疣状、补丁状的斑块，生疱流脓。菌柄上常有菌环、菌托及奇形怪状的东西。菌柄（根）不生蛆、不生虫，鸟、鼠、兽不吃。无毒菇很少有菌环。

（3）气味。毒菇有马铃薯或萝卜味，无毒菇为苦杏或水果味。

（4）分泌物。菇破碎或撕断菇菌柄，有毒菇断口变色，汁液混浊，分泌物稠浓，呈赤褐色，无毒菇破烂分泌物清亮如水，个别为白色，撕断处不变色。

（5）毒菇大多柔软多汁，无毒菇较致密脆弱。

（6）有毒菇生长于阴暗潮湿和污秽地方，无毒菇大多生长在森林里较干净的树下。

（7）与葱、蒜、大米、银器共煮呈乌黑色的为有毒菇。

（8）有毒菇用水浸泡后，水像牛奶样混浊，无毒菇浸泡后水仍然很清。

（9）毒菇有酸、辣、苦、麻和其他恶味，无毒菇则无味。

以上这些识别方法不是绝对的，有的有例外，即使是专业人员也很难凭肉眼鉴别。

防止毒菇中毒的关键在于预防，应通过科普教育，使群众识别毒菇。建议市民不要购买未吃过或不认识的野生菇；农村群众不要采食不认识的野菇或不能确定是否有毒的菇、过小或过老及已霉烂的野菇；集体食堂禁止加工烹调野菇出售；餐饮业要把好野生菇采购关，注意加工烹调方法，确保食用安全；大型活动和群体性聚餐时，禁止吃野生菇。

44 发芽的马铃薯、未成熟的番茄为什么不能吃

发芽的马铃薯或经阳光照射后，马铃薯块皮变黑绿色，这种薯含有对人体有毒的龙葵碱，以幼芽及芽根部位含量最多。龙葵碱在煮后也不能被除去和破坏，只要吃入 200～400 毫克时就易中毒。急性中毒在吃后 10 多分钟到数小时就会发生。初表现为咽喉有抓痒感及灼烧感，上腹部灼烧感或疼痛，后出现胃肠炎症状，严重时出现剧烈恶心、呕吐、腹泻、腹痛，对胃肠黏膜有较强刺激，会麻痹呼吸中枢，引起脑水肿充血，精神恍惚，神经过敏，视力模糊，头痛、晕眩、乏力、气短。

未成熟的青番茄也含有较多龙葵碱，成熟转红后明显减少。如吃了未成熟番茄，也会表现出头昏、恶心、呕吐、流涎等中毒症状。

预防龙葵碱中毒：①选购不发绿、不发芽的马铃薯和成熟的番茄；②马铃薯要及时食用，不能长时间贮存，如要贮存，应避光置于 3 ～ 5℃处，低于 0℃薯块易受冻；③薯堆上放几个苹果等水果，利用水果释放出来的乙烯抑制马铃薯发芽；④薯块如芽不多，可挖去芽及其周围较多薯肉，去皮，浸清水 30 ～ 60 分钟，煮、炖或红烧，这种薯味差，不宜炒着吃；⑤烧煮时加醋，可破坏毒素。

急救：中毒后立即催吐，用 4% 鞣酸溶液，或 0.02% 高锰酸钾溶液，或浓茶叶水洗胃、导泻，严重时应送医院补体液，呼吸困难要吸氧处理等。

45 吃新鲜黄花菜为什么会中毒

新鲜黄花菜含有秋水仙碱。秋水仙碱本身对人体无毒，但进入人体后，被氧化成二秋水仙碱。二秋水仙碱为剧毒物质，会强烈刺激呼吸道和胃肠道黏膜，吃后半小时到 4 小时即出现中毒症状，主要有头痛、头晕、恶心、呕吐、口渴，严重的出现类似急性胃肠炎的腹痛、腹泻等症状，极重的还会出现血便、血尿和尿闭等。只要一次吃下秋水仙碱 0.1 ～ 0.2 毫克，约相当于吃新鲜黄花菜 50 ～ 100 克，就会中毒。一次吃下秋水仙碱 20 毫克，能致死亡。

预防鲜黄花菜中毒：先将鲜黄花菜用清水充分浸泡 2 小时以上，或用开水焯一下，再冷水浸泡 2 小时，秋水仙碱会溶于水中。加热煮沸 10 ～ 15 分钟后能分解秋水仙碱，故市售的干黄花菜已基本无毒性。对处理方法不了解的黄花菜最好少吃，一餐食用不超过 50 克，以免中毒。

急救：中毒后立即催吐，用 4% 鞣酸溶液或浓茶叶水洗胃、口服蛋清、牛奶、绿豆汤或活性炭，对症治疗，严重时应去医院治疗。

46 烂生姜为什么不能吃

烂生姜会产生一种黄樟素,其毒性很强,即使少量,也会引起肝细胞中毒,对肝炎患者的肝细胞损伤尤重。因此,烂生姜一定要丢弃,不能食用。

生姜应存放在 12 ~ 15℃的环境中,忌干燥寒冷。如低于 10℃,易受冻害,待气温回升后易腐烂;如贮存温度太高,也易腐烂。

47 如何选购葡萄

葡萄味甘微酸、性平,不仅美味可口,而且具有很高的营养价值。葡萄有滋阴补血、强骨、通利小便的功效,是一种滋补性很强的水果,适用于妊娠贫血、肺虚咳嗽、心悸盗汗、风湿麻痹、水肿等症。葡萄的外观相差很大,品种繁多、颜色各异,如何挑选葡萄可以说是一门学问。

(1)看颜色。挑选时观察葡萄的颜色,一般成熟度适中的果穗、果粒颜色较深,如玫瑰香为黑紫色等。

(2)看表皮。挑选时,新鲜的葡萄表面都会有一层白色的霜,手一碰就会掉,若没有白霜,说明该葡萄已经不新鲜了。

(3)闻气味。品质好的葡萄味甜,有香气;品质差的葡萄无香气,具有明显的酸味。

(4)尝味道。好的葡萄果浆较浓,差的葡萄果汁少或者汁多但味淡。选购时可以试吃整朵葡萄最下面的葡萄,因最下面一粒葡萄是最不甜的,如果该粒葡萄很甜,就表明整串葡萄好吃。

(5)看外形。新鲜的葡萄用手轻轻提起时,果粒牢固,落籽较少。如果果粒摇摇欲坠,纷纷脱落,说明不够新鲜。

48 无籽葡萄安全吗

葡萄无籽化栽培是葡萄生产的新技术，其中最常用的一类植物生长调节剂是赤霉素，已经合法登记用于葡萄生产。后来，研究人员利用发酵法或人工合成法进行规模生产，用于马铃薯、番茄、果树等作物，促进生长、发芽，提高果实结实率。

使用赤霉素进行葡萄无籽化栽培对消费者是非常安全的，一是因为在葡萄栽培时使用赤霉素的浓度极低，如果浓度高了或施用量大了反而会对植株造成损伤，得不偿失。并且，从花期施用赤霉素至葡萄采收要经历两三个月的时间，先前喷施的赤霉素基本上都降解了。根据多年来农业部葡萄质量安全风险评估结果，葡萄中很少检出赤霉素，检出样品中的残留量不超过 0.1 毫克 / 千克。二是赤霉素本身毒性极低，按照国际通用的安全阈值换算，一个体重 60 千克的成年人，每天摄入 180 毫克赤霉素才可能会对健康产生危害。即使按照高残留水平 0.1 毫克 / 千克计算，消费者每天要吃 1800 千克葡萄才摄入 180 毫克赤霉素，这显然是不可能的。

49 葡萄上的白霜是怎么回事

新鲜葡萄表面都会有一层薄薄的白霜，很多人误以为它是农药残留物，其实这层白霜是好东西。一般只要是分布均匀、未覆盖葡萄表皮本身颜色的白霜都可认为是葡萄本身分泌的糖醇类物质，也被称为果粉，对人体完全无害，是葡萄的"保护神"。由于糖醇类不溶于水，它可避免葡萄表面吸附水分形成湿润的环境，从而导致病菌滋生和侵染，也可防止葡萄采摘后失水速度过快而皱缩。另外，白霜中富含的葡萄酒酵母还可防止葡萄在制作葡萄酒过程中受到微生物污染。所以，挑选葡萄时，不要故意避开有白霜的葡萄，有时候白霜的多少可以作为衡量葡萄质量的一个重要指标。除了葡萄之外，冬瓜、李子和蓝莓等很多果蔬的表面的白霜，也是同样的物质。真正的农药残留是微量物质，很少能肉眼看见。

50 哪些水果可能会用催熟剂？食用催熟剂的水果安全吗

市场上有不少水果需从很远的地方运来，如香蕉、柿子、芒果、猕猴桃等。如果等到完全成熟了再运输，运到目的地时可能就已经腐烂了，因此只能在它们还未成熟的时候采摘和运输，而这时的水果往往又涩又硬，不能食用，到目的地后要使用催熟剂进行处理，加速其成熟。

常用的催熟剂是乙烯，它是一种气体，是水果和蔬菜成熟时自然散发出来的促进成熟的。为了加速成熟，用外来的乙烯处理则具有催熟作用。为了使用方便，商业化生产中常用乙烯利来处理果蔬。它是一种能溶于水的有机物质，能转化为乙烯，促进果蔬成熟。

值得一提的是乙烯是植物当中天然存在的生长激素，对人体无害，但能调节植物的成熟和衰老。乙烯只需少量添加就能起到催熟作用，多余的乙烯会释放到大气中，不会对人体造成影响。

51 新鲜或腐烂的黑木耳、霉烂的白木耳为什么不能吃

新鲜的黑木耳中含有一种叫作卟啉的光敏感物质，被人体吸收后，会随血液分布到人表皮细胞中，经阳光照射，引起日光性皮炎，造成皮肤瘙痒、红肿、坏死，出现丘疹水疱。若水肿出现在咽喉黏膜，还会导致呼吸困难。烂黑木耳和白木耳中含有害微生物毒素，也不能吃。

新鲜木耳应充分晒干后吃，因阳光下暴晒时会大量分解卟啉物质。市售的干木耳，应先用水浸泡，以除去残余毒素。

㊿ 吃苦杏仁等为何会中毒

苦杏仁、苦桃仁、枇杷仁、李子仁等含有苦杏仁苷，木薯含亚麻仁苦苷，二者总称为生氰糖苷，是一种含氰的极毒成分，在酶和酸的作用下，水解生成氢氰酸，有剧毒，人致死量为 18 毫克 / 千克体重。氢氰酸作用呼吸中枢和血管运行中枢，妨碍正常呼吸，使之麻痹，最后导致死亡。吃苦杏仁后半小时到 12 小时，一般 1～2 小时即开始中毒，中毒症状为头晕、头痛、恶心、呕吐、心悸、瞳孔放大，重症则昏迷窒息、肌肉麻痹、全身阵发性痉挛、呼吸窘迫，最后因呼吸麻痹或心跳停止而死。患者呼吸时会有苦杏仁味。成人误吃苦杏仁 10～12 粒，儿童 6～8 粒即会中毒，误食 10～20 粒可致死。木薯有毒，生吃或吃未煮熟木薯，或喝洗木薯的水、煮木薯的汤都会中毒。

大量吃杏，尤其是未熟的青杏，会流鼻血，吃冷热食物时出现牙根痛；李本身难消化，吃过多会引起腹痛、腹泻，且易引起结石。

预防：不吃苦杏仁、桃仁、李子仁。如加工食品，要反复用水浸泡，充分加热炒熟煮透，敞开锅盖，使毒性充分挥发。木薯要去皮，反复浸洗薯肉。煮时打开锅盖，弃去汤汁，熟透后再浸泡 16 小时再蒸熟才可吃。不可空腹吃木薯，一次也不能吃太多。木薯做成淀粉，去毒效果很好。

急救：催吐，用 5% 硫代硫酸钠或 0.05% 高锰酸钾洗胃、解毒，及时送往医院治疗。

㊼ 什么叫胃柿石症

柿子含有大量的柿胶酚、单宁和果胶质等，空腹时一次吃得太多，或柿子与酸性食物（如山楂等）同食，会引起胃疼痛、消化不良。因为果胶与胃酸反应凝结成不溶性的胃柿结石，故胃寒、胃酸多者及空腹者都应忌食。柿子应餐后吃，忌与蟹、番薯、菱角、山楂、黑枣、椰子等同食，不与酸性食物、药物同吃。不太成熟的柿子不能吃。

较大的胃柿石如人拳头一般大，且会越来越大，不能排出体外，常导致剧烈腹痛、恶心呕吐。胃柿石还随胃的蠕动造成胃壁损伤，形成溃疡，严重时造成出血，病久会患胃溃疡病。

54 为什么霉变发红的甘蔗不能吃

甘蔗贮存不好或贮存时间过久，蔗皮变暗，失去正常光泽，质地变软，切开后里面的肉质变暗红色、浅黄色或灰黑色，有霉斑，两端长毛，有酒味或霉酸味，吃起来有苦味，这是因甘蔗被一种称为节菱孢霉的真菌感染并产生毒素 3- 硝基丙酸（是一种神经毒素）所致。这种毒素会引起中枢神经受损。人吃霉变的甘蔗 10 多分钟即发生中毒症状，初期表现为恶心呕吐、腹泻腹痛，后出现头晕头痛、眼黑和复视视力障碍，重的伴阵发性抽搐，抽搐时四肢强直或屈曲，瞳孔放大，继而昏迷，可死于呼吸衰竭，幸存者留下严重的神经系统后遗症，导致终生残疾。

预防：①甘蔗必须成熟后收获，未熟甘蔗易霉变；②甘蔗随收随卖，尽量不贮存或少贮存，定期检查，发现霉变禁止出售；③不买不吃霉变发红的甘蔗。

55 荔枝为什么不宜大量吃

荔枝吃过量易发生低血糖症而引发一种急性病，表现为头晕、恶心，面色苍白，四肢冰凉，乏力，大量虚汗，伴有腹痛腹泻，重者抽搐，心律失常，昏迷，可数小时内死亡。荔枝含有大量果糖，食入后来不及经肝转化酶变成葡萄糖，使血中葡萄糖严重不足。儿童、老年人转化酶本来就少，更不能多吃。荔枝含果糖，糖尿病患者不宜食用。荔枝吃得过多，使正常饮食大大减少，血糖比正常人大降。荔枝不宜空腹吃，会导致胃痛、胃胀。

预防：不能吃太多荔枝。

急救：如果有中毒症状，应及早催吐、洗胃或口服糖水。静脉注射50% 葡萄糖溶液 40 ~ 60 毫克或静脉注射葡萄糖液 1000 ~ 2000 毫升，增强肌体抵抗力，用脱敏药物，必要时用糖皮质激素。用荔枝壳泡水喝，有解毒作用。饮柠檬茶或吃数片鲜柠檬，可消除胀满，并有止痛作用。

56 吃芒果为什么会出现皮肤瘙痒

有的过敏体质的人，在芒果吃后数小时，有的人则在吃后过 2 ~ 3 天出现过敏症状，表现为口唇、面颊和双耳等部位皮肤红肿或红斑，迅速蔓延到全身躯干和四肢，有的呈现散状针头大丘疱疹，瘙痒，搔抓后呈湿疹样，重者出现发热、畏寒，浑身疼痛等症状。

治疗：停吃芒果，患处涂抗过敏药物。皮疹重者用皮质激素，但不可久用。

注意事项：不能用热水、肥皂洗，忌食过敏刺激性食物。

57 菠萝为什么要先浸盐水再吃

菠萝含有生物苷和菠萝蛋白酶，有害人体健康。生物苷刺激口腔黏膜，使口腔发痒，菠萝蛋白酶使人体胃肠道乃至全身过敏。对菠萝过敏的人，吃后会出现口舌麻木、皮肤潮红、面颊瘙痒、头痛心悸，血压升高，故患心血管疾病者慎吃。也有人发生恶心呕吐、头晕头痛、腹泻、腹部绞痛，全身荨麻疹等过敏反应，重者呼吸困难，甚至昏迷。

为防止菠萝过敏，忌空腹食菠萝，不吃新鲜和生硬不熟的菠萝。食盐会破坏菠萝中的生物苷和菠萝蛋白酶，故吃时先削净果皮鳞目，切成片浸淡盐水中过30分钟，或炒煮熟，即可免发生过敏，又可消除菠萝涩味。患溃疡病、肾病、凝血功能障碍者应禁食。

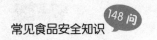

（三）
植物源性食品的
农药残留

58 何谓农药中毒？分几种类型

在接触或使用农药的过程中，进入人体的农药超过正常的最大忍受量，使正常的生理功能失调，引起毒性危害和病理变化，表现出一系列中毒临床症状，称为农药中毒。农药中毒程度不同，有的仅引起局部伤害，有的影响全身，重的会危及生命。农药中毒可分为轻度中毒、中度中毒和重度中毒三类。

中毒表现可分急性中毒和慢性中毒两种。急性中毒是一次口服或接触一定剂量的农药后，在短时间内，因大量农药迅速作用，突然发生的中毒症状。也有的急性中毒并不立即发病，而要经过一定潜伏期才表现出来。慢性中毒主要是经常连续食用或接触小量农药，毒药进入人体后逐渐缓慢地发生中毒现象，其一般起病慢、病程长、症状不易鉴别。

59 农药慢性毒性对人体健康有何危害

农药残留是造成慢性中毒的主要原因，食物中的农药通过饮食等途径进入人体内。人体长期接触一定量农药后所产生的毒害，并出现病理反应，常可分为直接毒害和间接毒害两种。直接毒害是人在农药生产、运输、贮存和使用过程中，长期接触农药，并积累到一定量后所造成的。间接毒害是农药残留在粮油、果菜、畜禽、水产品等食用农产品中，通过饮食进入人体内，或在农药生产使用过程中，通过对大气、水域、土壤等环境污染进入人体内，不能很快分解，也不能随粪便等排出体外而长期积蓄在人体内。农药进入人体后主要积存在脂肪、肝脏、肾脏、脑等组织中，如果不知不觉地长期食用带微量残留农药的食物，那么积累在人体内的农药会越来越多，有可能引起致胎儿畸形、致癌和致遗传基因突变的"三致"慢性中毒。慢性中毒从毒物进入人体到产生明显症状有较长时间，在人体未发生病变前常被忽视，难以防范，因此需要引起注意。

60 何谓农药残留量和最高残留限量

农药残留是指农药使用后残存于动植物体、农副产品和环境中的微量农药原体、衍生物、有毒代谢物、降解物和杂质的总称。农药残存的数量称农药残留量，以每千克（kg）样品中含有农药毫克（mg），或微克（μg）、纳克（ng）数表示。农产品、食品和饲料中法定的农药残留最高浓度称为农药最高残留限量，代号用 MRL 表示。农药最高残留限量由各国指定部门负责制定，由政府按法规公布。

61 何谓农药每日允许摄入量

每人每日摄入一定量的农药对人体健康无明显危害，这个剂量就称日允许摄入量，代号用 ADI 表示，以每千克体重摄入药剂的毫克数（毫克/千克）表示。

$$ADI = \frac{最大无作用剂量（毫克/千克）}{安全系数}$$

安全系数一般为100。每人每日允许从食物中摄入的农药量＝ADI×60

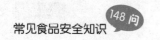

（人体标准体重千克）。

62 农副产品中，农药残留为何会超标

大多数农药按照推荐的用量、浓度、用法、时间和次数用药，农副产品中的农药残留量是不会超标的，但是农副产品农药残留量超标却时有发生，其原因主要有：①不按规定用药，如用量、用药次数太多，用药浓度太高，施药后到采收期安全间隔期太短等；②农药中的杂质和有毒代谢物的残留时间很长；③农业环境中的残留农药通过食物链富集到畜禽体内，如有机氯杀虫剂六六六、DDT 等早已停止生产和使用，但因其残留期很长，数十年前残留在环境（主要是土壤）中的极微量农药，仍然可以通过食物链富集到畜禽、肉蛋中。

63 何谓农药的安全间隔期

农作物最后一次喷药到收获的间隔天数叫安全间隔期，以天数表示。农药喷洒于植物上残留时间的长短与农药种类、性质、剂型和持效期、施药次数、浓度和施药方式有关，与不同地区、土壤、季节、气候和作物种类等因素有关。在粮食、蔬菜上喷高效低毒持效期短的农药，如敌百虫、敌敌畏等有机磷农药、苦参碱等植物源农药、拟除虫菊酯类农药、苏芸金杆菌（Bt 乳剂）和抗生菌素等微生物源农药及多数杀菌剂等，一般安全间隔期夏季为 5 ~ 7 天，春、秋季为 7 ~ 10 天。果树的安全间隔期要长些。每种农药的安全间隔期，可参考农药标签和说明书。

64 农药通过哪些途径进入人体内

农药可以经很多途径进入人体。对消费者来说，约 90% 的农药是通过食品进入，约10%是通过水和大气进入。食品中农药残留的主要来源，即农药进入人体的主要途径有：

（1）吃了被农药污染的食物，如喷了毒性和残留高的农药，因农药施用浓度过高，次数过多，安全间隔期过短，造成农药残留过高。

（2）长期施药，造成环境污染，农药沉积在土壤中，农作物根部从污染土中吸收农药。

（3）生物富集作用造成对食物的污染。含有机氯和汞、砷等的农药，在生物体内较稳定，不易排出体外，因食物关系而形成的食物链中，农药积累在生物体内并逐级浓缩，这种生物浓缩现象称为生物富集。如大气层降落水面的农药DDT为1，经浮游生物体内富集为1.3万倍，小鱼吃浮游生物富集到17万倍，大鱼吃小鱼又富集到66.7万倍，水禽吃鱼再富集到822万倍。

（4）气流扩散致大气污染物随雨雪降落到地面进入水和土中。

（5）其他途径，如粮库、食品库施药，工业"三废"排放，贮运时食品接触农药等。

65 如何清除和减少蔬菜水果中的残留农药

（1）清水浸泡。叶菜类叶薄易破碎，不便于用手清洗，一般先冲洗掉表面污物，剔除可见有污渍的部分，再用清水盖过菜叶部分约5厘米，用流动水浸泡约30分钟。如果加菜果专用的清洗剂（洗洁剂）溶液浸泡2～3次，每次约30分钟，最后用清水冲净，效果更佳。对花菜等花类菜，可先在水中漂洗，再在盐水中泡洗。包心菜等包叶类菜，应先去除可能含农药较多的最外层叶后再浸泡。据测定，包心菜用10%醋酸溶液或10%盐水浸泡10分钟可减少农药65%以上；用自来水浸泡20分钟，仅减少农药15%～19%。

（2）碱水浸泡。污染菜果最多的是有机磷农药。大多有机磷农药在碱性条件下会迅速分解，故可在 500 毫升清水中加入食用碱 5 ~ 10 克溶解后，放入初步冲洗的菜果，浸泡 5 ~ 15 分钟后用清水冲净。重复洗 3 次效果更好。

（3）清洗去皮。对于带皮的水果蔬菜，可先初步水洗后削去残留农药的外皮，再漂洗一次，只食用肉质部分。

（4）沸水焯。将经清水初步洗过的菜果在沸水中焯 2 ~ 5 分钟捞出，有些农药会因高温而被分解，可除去很多残留农药。

（5）高温快炒。热锅倒入油，待油温升高但未冒烟时即放入蔬菜，快炒约 5 分钟，炒熟后即出锅。据测定炒包心菜可减少农药 68% 以上。

（6）贮存。有些农药会随时间延长缓慢地分解为对人无害的物质。可将某些适合贮存的果菜购回后存放一段时间再吃，以减少农药残留。据测定，在阳光下晒 1 天，农药残留量可减少一半，对于适合耐晒的菜果，如大白菜、根茎类、瓜果类等效果更好。

（7）饮食多样化。绝大多数有毒害的食品，对人所造成的危害，都是以超过一定摄入量为前提的。不吃所有似乎危险的食品，这种对食品安全的恐惧，有可能造成人体营养不足。有人因为农药残留而不吃绿叶菜，而这些食品正是人体营养素的重要来源。解决食品安全最重要、最简便的方法就是饮食多样化。食多种食品自然会减少对单一食品的摄入量，在安全剂量下减少对人体的危害。

66 有机磷农药急性中毒的症状如何

由于农药的中毒作用机理不同，其急性中毒症状也有所不同，一般农药中毒较常见的症状为头痛、头昏、恶心、呕吐、流涎、激动、烦躁不安、全身不适、疼痛、异常疲乏无力、呼吸困难、肺水肿、脑水肿等，严重的心搏骤停、痉挛、休克等。

有机磷农药的性质不稳定，残留时间短，引起人体慢性中毒的可能性小，但引发的急性中毒则较重。目前出现的农药中毒，大多是因有机磷农药引起的急性中毒，即吃了含大量有机磷农药的蔬菜后，重的仅过10多分钟，大多经2～3小时就会出现急性中毒症状，发病急快，病情重。这主要是有机磷农药抑制了神经组织胆碱酯酶的活性。中毒症状分轻、中、重3种。

轻度中毒症状：表现为头晕、头痛、恶心、呕吐、全身疲倦无力、食欲不振、烦躁不安、出汗、视力模糊、血液中胆碱酯酶活性下降到正常的50%～75%。

中度中毒症状：除上述症状加重外，还表现为流涎，口、鼻孔有大量白色或淡红色泡沫样分泌物，胸闷、腹痛、腹泻、轻度呼吸困难、血压升高、轻度意识障碍、肌肉跳动、瞳孔中度缩小等，血液中胆碱酯酶活性下降到正常的25%～50%。

重度中毒症状：除上述症状外，还表现为行为不稳，瞳孔缩小如针尖大小，对光反射消失，心跳减慢，发绀，血压降低，呼吸明显困难，肺水肿，大小便失禁，肌肉痉挛，惊厥，昏迷，血液中胆碱酯酶活性下降。

67 怎样抢救农药急性中毒患者

农药中毒患者不论中毒程度轻重，都要迅速送医院救治。在送医院前，还要在当地实行抢救措施，尽量减轻中毒程度，主要抢救措施有：

（1）中毒者尽快到空气新鲜、流通、安静处，除去假牙，注意保暖。

（2）催吐、洗胃。中毒者如神志清醒，先喝200～400毫升凉开水，再用干净的食、中指或筷子伸到喉咙刺激咽喉，吐出中毒食物。用1%小苏打（碳酸氢钠）溶液或1%食盐水溶液，或1%硫酸铜溶液，每5分钟1匙，连用3次；或用1%食盐水、浓肥皂水引吐（敌百虫中毒不宜用肥皂水或碱水、苏打水引吐洗胃），或0.02%（5000倍）高锰酸钾溶液充分洗胃。如对硫磷（1605）、甲基对硫磷（甲基1605）、甲拌磷（3911）、苏化203、马拉硫磷等中毒,不能用高锰酸钾溶液洗胃。引吐必须在患者神志清醒时进行,如已昏迷绝不能采用,以免因呕吐物进入气管造成危险。呕吐物要留下,以备医院检查之用。引吐后尽早尽快彻底洗胃,根据不同农药,用不同洗胃液。神志清醒者自服清胃剂;神志不清者,应先插上气管导管,以保持呼吸畅通,要防胃液倒流入气管。抽搐者应控制抽搐后再行洗胃。

(3)对有机磷和氨基甲酸酯类农药轻度中毒者,可注射阿托品解毒剂等,如中度或重度中毒者最好将阿托品和胆碱酯酶复能剂如解磷定合用。阿托品不是中毒预防剂,不能防中毒。阿托品作用慢,不能无根据重复用药,以免因过量用药而造成阿托品中毒。

(4)导泻。如毒物已进入肠内,只有用导泻方法清除毒物。可用硫酸钠或硫酸镁30克加水200毫升1次服用,再多次饮水加快导泻。有机磷农药重度中毒呼吸受抑制时,不能用硫酸镁导泻,以免镁离子大量吸收,加重呼吸抑制。如出现呼吸抑制现象和磷化锌中毒时,不可用硫酸镁导泻。

(5)中毒者出现严重呼吸困难或呼吸停止时,要迅速进行人工呼吸抢救,并用含5%二氧化碳的氧气给氧。

(6)输液。在无肺水肿、脑水肿、心力衰竭等情况下,注射10%或5%葡萄糖盐水等,以保护肝脏和促进毒素排出。

68 怎样选购安全的蔬菜水果

(1)选农药污染少的蔬菜水果。一般来说,夏秋季生产的小白菜、青菜、鸡毛菜、空心菜(蕹菜)等叶菜类蔬菜农药残留较多(但木耳菜、生菜、油麦菜等农药残留并不多),而根菜、瓜果类等如马铃薯、芋头、大蒜、洋葱、胡萝卜、萝卜、番薯、冬瓜、黄瓜、瓠瓜、南瓜、苦瓜、番茄、辣椒、甜椒、茄子、豌豆、蚕豆、四季豆、毛豆、莲藕等农药污染相对较少。有壳的果品农药污染少。对农药的吸收量,一般是叶菜类最高,其次为瓜果类、根茎菜类，而谷类的粮食籽粒最低。

有的人认为，有虫咬孔的菜果没有农药残留或残留少。这是没有科学依据的。通常反季节蔬菜，农药污染的可能性较大，而应季菜的安全性要高些。有刺激性气味的蔬菜，如洋葱、大蒜、生姜等病虫害少，农药用量也就不多。

（2）购买时仔细挑选。看外观具有可采食时应有的特征，外形色泽良好，成熟适度，新鲜脆嫩，清洁，无影响食用的病虫害。不要买色泽异常的菜。菜并非颜色越鲜艳越好，一些看上去颜色很鲜艳，长得畸形，如番茄顶部长小突起物，是用了激素造成的。有的青菜绿得发黑，是化肥用量过多。选蔬菜水果，应选表面无农药污染斑，无刺鼻的异常气味的。

自然成熟的水果大多能闻到水果固有的果香味，激素催熟的水果没有果香味，可能还有异臭味，催得过熟的水果能闻出发酵的气味，注水的西瓜能闻出漂白粉味。同一品种、同样大小的水果，催熟的、注水的水果比自然成熟的水果要重很多。

（3）买应季的蔬菜水果。一般不合时令或提早上市的菜果，农药残留量较大。如水果比正常成熟期提早半个月至 1 个月上市，这种水果就有可能用了激素催熟剂，其味差，营养价值也往往不高。

69 植物激素和植物生长调节剂、动物激素又是什么关系呢

首先，植物生长调节剂和植物激素都有调控植物生长发育的功效，但植物激素是植物体自身产生的，自然存在的；植物生长调节剂是外源性物质，既可人工合成或通过微生物发酵产生，也可从生物体中直接提取。如赤霉素既是植物体内普遍存在的一类植物内源激素，又可以通过微生物发酵或人工合成等方法产生，在需要时用于多种作物生长发育的调控。

此外，植物激素与动物激素绝不能混为一谈，它们是完全不同的两

个概念！动物激素是由动物内分泌腺或内分泌细胞产生的活性物质，通过特异性靶标蛋白识别发挥作用。植物激素和动物激素的化学结构和靶标蛋白截然不同，就像是一把钥匙开一把锁，钥匙与锁不匹配，当然也就无法打开。一般而言，植物激素无法在动物体内发挥作用，动物激素也无法在植物体内发挥作用，也就当然不能用于种植业生产。所以道理很简单，避孕药属于动物激素，在植物中没有受体，不可能起作用。说避孕药刺激形成"顶花带刺"黄瓜，其实是无稽之谈。

另外，影响农产品外观形态、感官风味及营养品质变化的因素有很多，如自然界丰富的变异、科技进步带来的新品种、年份间气候条件的差异等。植物生长调节剂的应用只是可能的因素之一。所以说，植物生长调节剂在农业生产上的科学合理应用，是实现高产优质高效的一项重要技术措施，绝不是引发农产品质量安全事件的万恶之源。

植物生长调节剂的应用已成为现代农业科技水平的重要标志，我们应该客观认识，理性评价，科学应用，不能再让植物生长调节剂"蒙冤"。希望大家少一些"宁愿信其有，不愿信其无"的无奈，多一份"不造谣、不信谣、不传谣"的从容。

第三部分

动物源性食品安全

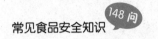

（一）
猪肉质量安全

⑺ 什么叫安全猪肉

安全猪肉是指养猪企业和个人所生产的无污染、无公害、无残留，对人体健康无损害（即时的、潜在的）的"四无"猪肉产品。

安全猪肉只有在特定条件下才能产生，如生猪不能感染危害严重的，尤其是人畜共患的传染病；不能饲喂掺有国家明令禁用的添加剂和其他化学药品的饲料；兽医不能使用国家禁用的抗菌药物和消毒剂；饲养环境必须达到生态环境要求，尤其是饮水中有毒有害物质不能超标；屠宰加工、运输和销售的场所必须清洁卫生，不存在污染猪肉的因素等。

⑺ 安全猪肉的三个级别是什么概念

为了科学生产安全猪肉，保障人民的身体健康和良好的生态环境，我国制定了三个层次的检验标准：国家标准（绿色食品）、农业部的行业标准（无公害食品）和地方标准（放心肉）。

所谓绿色食品，是指遵循可持续发展原则，按照特定生产方式生产，经专门机构认定，许可使用绿色食品标志的无污染的安全、优质的营养类食品。绿色猪肉分 A 级和 AA 级两种。A 级是指在指定环境下，按绿色食品准则，限量使用限定的化学合成生产资料，产品质量符合绿色食品标准，经专门机构认定，许可使用 A 级绿色食品标志的产品。A 级绿色食品相当于世界先进国家一般食品的水平，也是我国加入世界贸易组织以后，我国猪肉食品在国际贸易中必须遵循的标准。AA 级是指除了产地的生态环境必须符合规定的标准外，在生产过程中不能使用任何有害的化学合成物质。由此可见，AA 级猪肉比 A 级猪肉的要求更高，可以基本与欧美国家的有机食品接轨，但还有一些细微差异，还不能得到世界所有国家承认。

所谓无公害猪肉，是指产地环境、生产过程和产品质量符合农业部颁布的有关标准和规范的要求，经认证合格获得认证证书并允许使用无公害农产品标志的未经加工或者初加工的猪肉（这里所指的初加工的意思是不能使畜产品的性质发生变化或添加其他成分）。无公害猪肉的标准基本与绿色猪肉中 A 级猪肉标准相近。

所谓放心肉，即符合各地地方政府颁布的标准、条例和标志的猪肉。但各地的标准和条例不完全一样，甚至同一地区不同时期的内容与指标也不完全相同。目前，杭州市的放心肉是指经兽医检验没有对人畜严重危害的疫病，如猪瘟、五号病、炭疽病和猪囊虫病等，并经尿样抽测不含有瘦肉精的猪肉。合格猪肉印上一枚圆章（表示检验合格）和一枚滚筒章（表示检疫合格）作为标志。

放心肉的标准要求，是根据当前、当地的实际条件而确定的，比绿色猪肉和无公害猪肉的标准要求低。随着生产条件的不断完善、检测力度的不断强化，再过几年后人们才能普遍吃到真正的绿色猪肉。

放心肉合格标志印章

72 不安全猪肉可能含有哪些有毒有害物质

不安全猪肉不外乎含有下列四类物质之一：第一类是残留在肌肉及组织器官中的抗生素和抗菌药，其中影响较大的有青霉素类、四环素类、大环内酯类、氯霉素类、呋喃唑酮、喹乙醇、恩诺沙星等。第二类是残留在猪肉及组织器官中的激素和类激素，如雌二醇、己烯雌酚、β-兴奋剂（如瘦肉精）等。第三类是猪肉及组织器官中残留的重金属元素，主要是砷、铬、汞、铅、铜、锌、硒、锰以及若干辐射性元素。第四类是猪肉污染了病原微生物，包括细菌和病毒，现在把寄生虫也归到这类。

此外，动物源食品在运输和销售过程中也可能被农药污染，引起人们农药中毒，如敌敌畏、有机磷类农药中毒等。

73 什么叫兽药残留？兽药残留量超标是什么意思

兽药残留是指食用动物在用药或喂食饲料药物添加剂后，药物原型或其代谢产物在动物的任何食用部分中的残留和蓄积。如果任何食用部分的药物残留蓄积量超过农业部公告的最高残留限量，就叫作兽药残留量超标。我国农业部分别规定了批准可以在动物食品中使用但应遵守最高残留限量的药物，允许作治疗用但不得在动物性食品中检出的药物。

74 兽药残留量超标对人体有什么危害

（1）造成急、慢性中毒。兽药残留的猪肉若一次摄入量过大，会出现急性中毒反应。如广东河源发生的食用含盐酸克伦特罗的猪内脏所发生的急性中毒，食者食后短期内出现心律失常、心慌、心悸、甲状腺功能亢进等症状。长期食用有药物残留的动物性食品，残留量会在体内蓄积下来，造成人体慢性中毒。如磺胺类药物残留能破坏人的造血系统，造成溶血性贫血症、粒细胞缺乏症、血小板减少症等；氯霉素可以引起再生障碍性贫血，导致白血病和新生儿灰婴症的发生；连续长期摄入呋喃唑酮，能引起出血综合征等。

（2）引起过敏反应和变态反应。有些药物易引起消费者过敏反应，如青霉素类药物可引起变态反应，轻者表现为接触性皮炎和皮肤反应，严重者发生致死性过敏性休克。四环素药物可引起过敏和荨麻疹。磺胺药类也会引起过敏反应，轻者出现皮肤瘙痒和引起荨麻症，重者引起血管性水肿，严重者出现死亡。呋喃类引起人体过敏反应的表现为周围神经炎、药热、噬酸性白细胞增多等。

（3）引起"三致"作用。长期食用含某些具有致畸、致突变、致癌作用的动物食品，也有可能严重危害人的健康。例如：磺胺类残留除损害肾脏外，还能破坏人的造血系统，造成溶血性贫血症、粒细胞缺乏症、血小板减少症和"造血再障"等；长期食用含呋喃西林的鸡肝、猪肝、鸡肉，其潜在危害是诱发基因变异和致癌性；喹乙醇是一种基因毒剂、生殖腺诱变剂，有致突变、致畸和致癌作用；链霉素具有潜在的致畸作用，可引发动物体细胞发生突变；丙咪唑类药物残留可对人体产生致畸、致突变作用，如苯并咪唑类抗蠕虫药，能抑制细胞活性，具有潜在的致突变性和致癌性；呋哺唑酮（痢特灵）则有致癌倾向，而且使用期长了会抑制动物生长。此外，环境中的某些药物也可引起人体的基因突变或染色体畸变。

（4）激素样作用。动物食品中兽用激素类药物的残留，可影响人体正常激素水平和功能，如导致儿童肥胖、早熟等。

（5）影响人体胃肠道内菌群的微生态平衡。动物性食品中的抗菌药，尤其是广谱抗菌药物的残留，人们食用后可使肠道内敏感菌受到抑制或杀灭，而非敏感菌群得以大量繁殖，使胃肠道内菌群的微生态平衡受到破坏，甚至有可能造成新病菌感染，导致疾病发生。

（6）可使人体内一些病原菌的耐药性增强。随着抗菌药在兽医上和饲料添加剂中大量、广泛使用，使人体内一些病原细菌产生耐药性，并由低水平耐药转为高水平耐药，由单一耐药发展到多重耐药。人们食用这类残留药品后，会产生对某些细菌的抗药性，如青霉素钾盐、头孢菌素的残留量超标，会诱发人体内产生一种 β - 内酰胺酶，使青霉素的内酰胺结构遭到破坏而失去活性，导致青霉素和头孢菌素的耐药性增高。此外，呋喃唑酮（痢特灵）、卡那霉素还会抑制人体 B 淋巴细胞的增殖，影响疫苗的免疫效果。

（7）兽药残留对环境的危害。残留在动物体内的药物一般以原型或其代谢产物的形式随粪、尿等排泄物排出体外，由于绝大多数药物都具有生物活性，因此这些排出的药物对周围的土壤微生物、水生微生物及昆虫等会直接造成伤害，或者导致环境微生物耐药性产生，使环境中菌群共生关系平衡遭到破坏，从而影响生态环境的平衡。同时，环境中形成的具有耐药性的微生物被动、植物吸收富集，进入食物链后，也间接危害人类健康。

75 为什么兽药残留量会超标

（1）兽医不遵守用药休药期的有关规定。休药期是指畜禽停止给药到许可屠宰或它们的产品（奶、蛋）许可上市的间隔时期。休药期的规定是为了减少或避免畜产食品中药物的超量残留。我国农业部公告了兽药停药期规定，但兽医和饲养者未按规定执行，这是造成兽药残留量超标的重要原因之一。

（2）不适当地预防性用药。面对当前集约化养殖业的严重疾病威胁，兽医和生产者往往盲目采用农业部不允许使用的抗菌药物加入饲料添加剂中进行药物预防，而且剂量往往超量，造成了一些抗菌药物在动物性食品中残留。

（3）盲目地治疗性用药。兽医在治疗动物疾病时，为了提高疗效，往往盲目地大剂量、长时间用药，其中包括很多违禁药品，这是造成抗菌药物残留的主要原因。

（4）受污染环境的间接作用。由于抗菌药的大量使用，使得其中动物未能完全吸收和代谢的部分，随粪尿排出体外污染环境。此外，使用消毒剂对厩舍、饲养场和器具等进行消毒，也会造成药物污染环境，而环境中的药物再污染饲料和饮水，从而引起动物性食品的兽药残留。

（5）生产者违背社会公德暗地里使用违禁或淘汰药物。最突出例子是有些生产者暗地里使用国家明令禁用的瘦肉精（盐酸克伦特罗，是一种兴奋剂）饲喂肉猪，造成多起消费者中毒事件。此外还有生产者暗中饲用生长激素和雌性激素，危害消费者身体健康。

76 常见的人畜共患病包括哪几种病

目前已知至少有 200 多种动物传染病和寄生虫病可以传染给人类。最常见的人畜共患的传染病有：炭疽、鼻疽、布氏杆菌病、结核病、狂犬病、口蹄疫、疯牛病、高致病性禽流感（以 H5N1 和 H7N7 为代表）、猪链球菌病、甲型（H1N1）流感（原称猪流感）、猪丹毒等 11 种。

77 人得了五种常见人畜共患病后会出现什么症状

（1）炭疽。炭疽是由炭疽杆菌引起的一种人畜共患的急性、热性、败血型传染病，牛、羊、马等食草动物最易感染，猪虽也易感染，但多数呈隐性感染。人在接触病畜尸体，或屠宰和制革中防护不当，或食用炭疽畜肉等而感染，患者会出现体温升高、呼吸极度困难、口鼻和四肢末梢呈蓝紫色、食欲废绝等症状，急性患者往往会突然死亡。

（2）布氏杆菌病。布氏杆菌病是由布氏杆菌引起的一种人畜共患的慢性接触性传染病，牛、羊、猪最易感染。人因接触病畜及其产品后经皮肤感染，如食用未煮熟的病畜肉或饮用生牛奶也可经肠道感染。人得病后，男性易患睾丸炎，有痛感；女性易流产，且往往伴有乏力、消化不良甚至关节疼痛等症状。此病不易治愈，但死亡率不高。

（3）口蹄疫。口蹄疫是由口蹄疫病毒引起的一种人畜共患的急热性高度接触性传染病。人类主要是通过饮病畜乳、食病畜肉以及接触病畜而感染。临床症状为发热，食欲不振，随后口唇、指尖、足趾等部位出现水泡和糜烂。小儿症状较重，死亡率不高。

（4）禽流感（以 H5N1 和 H7N7 为代表）。禽流感是禽流行性感冒的简称，是由甲型（A 型）流感病毒引起的禽类传染病。禽流感病毒可分为高致病性、低致病性和非致病性三大类，其中高致病性禽流感是由 H5 和 H7 亚型禽流感病毒引起的疾病，因在禽类中传播快、危害大、病死率高，世界动物卫生组织将其列为 A 类动物疫病，我国将其列为一类动物疫病。高致病性禽流感病毒可直接感染人类，如果病毒发生变异，也有可能人传人。2004 年在亚洲流行的 HN 病毒，早在 1997 年于香港第一次跨越物种障碍传到人身上，18 名患者中有 6 名死亡；2004 年又在全球大爆发，有 20 个国家发生。

禽流感病毒主要通过呼吸道和消化道进入人体，人类直接接触禽流感病死禽或其粪便、呼吸道分泌物、羽毛、血液等也可被感染，还可经过眼结膜和破损皮肤感染。

人类感染高致病性禽流感病毒后，起病很急，早期表现类似普通型流感，发热（体温大多在 39℃以上）、持续 1 ~ 7 天（一般 3 ~ 4 天），后伴有流涕、鼻塞、咳嗽、咽痛、头痛、全身不适，部分患者有恶心、腹痛、腹泻、稀水样便等消化道症状。重症患者还可出现肺炎、呼吸窘迫等表现，甚至可导致死亡。

（5）甲型 H1N1 流感（原叫作猪流感）。甲型 H1N1 流感是由猪流感病毒引起的一种常见急性呼吸道传染病，很少导致死亡。通常情况下，人类很少感染猪流感病毒，但近年也发现一些人类感染猪流感的病例，患者大多为与病猪有过直接接触的人，如饲养者等。2008 年此病在全球暴发，最早出现疫情的国家是墨西哥，截至 2009 年 5 月 3 日 23 时 30 分，统计有 17 个国家 787 个确诊病例，死亡 17 人，后来又有增加。

流感病毒有三种类型，其中甲型流感病毒感染哺乳动物及鸟类；乙型流感病毒只感染人类，发病通常较甲型病毒温和。

流感病毒能感染人类，不会引起严重的疾病。引起这次人类全球暴发的是甲型 H1N1 流感病毒亚型（H 代表血凝素，N 代表神经氨酸苷酶，两者都是病毒表面的蛋白质）。

甲型 H1N1 流感患者的症状与其他流感症状类似，主要表现为高热、咳嗽、乏力、厌食、肌肉痛和疲倦，也有一些患者出现腹泻和呕吐、眼睛发红、头痛和流涕等症状，儿童和老人是易感人群。

78 动物源食品中有害重金属元素包括哪几种

动物源食品中有害重金属元素主要是砷、汞、铅，其次是铬、硒、铜、锌、锰，还有若干辐射性元素。这些重金属元素与辐射性元素或者直接从饲料中进入猪体，或者是工业排放物先污染环境（主要是土壤和水），然后再通过饲料和饮水进入畜体，再进入人体。

79 有害重金属元素含量超标对人体健康会产生什么危害

汞、铅和砷都是剧毒物质，人体内达到一定剂量就会引起人们不同程度中毒。好在猪肉中污染汞、铅、砷的机会不太多。若猪肉中铅的含量超标引起人急性中毒时，会出现明显胃肠道症状、溶血性贫血、肝脏损伤、黄疸、齿龈与牙齿交界边缘有暗蓝色铅线；慢性铅中毒的常见症状有头晕、乏力、失眠、口中甜味感、腹部隐痛和便秘等。小孩对铅中毒十分敏感，易使孩子的大脑受损，轻度中毒会烦躁多动、脾气暴躁、易攻击他人，中毒较重时会出现智力降低、嗜睡、昏迷等症状。据世界卫生组织儿童卫生合作中心主任、首都儿科研究所的戴耀华教授调查：我国 15 个城市 1.7 万名 0 ～ 6 岁的被调查儿童中，平均铅中毒率为10.45%。猪肉中汞的含量超标引起人急性中毒的现象现在已很少见，更多的是慢性中毒，常见症状早期可表现为头晕、头痛、失眠、记忆力减退、乏力等神经衰弱症状以及精神改变，如胆怯、害羞、易怒等。另外，手指、眼睑和舌头甚至上下肢的细微震动，也是汞中毒的特征性症状。砷也叫砒霜，自古以来，人们就知道砷是一种剧毒的毒品，达到一定剂量会置人于死地。猪肉中最常见的重金属元素是铜、锰、硒、锌、铬等元素，它们的超量主要是环境污染所致，虽也间接影响人体健康，但危害并不大。猪肉中若含有辐射性元素，人们吃了以后会引起体内 DNA 突变或畸变，导致人类遗传病和一些癌症的发生。但猪肉中含辐射性元素的机会也很少。

80 怎样防止动物源食品中有害重金属元素含量超标

有害重金属元素主要是通过两种途径进入动物体内。①饲料：猪吃了添加超量有害重金属元素的饲料或添加剂，结果猪肉中有害重金属元素含量超标；②环境中水或土壤中富含有害重金属元素，然后通过饮水和饲料进入动物体使猪肉含量超标。由此可见，要使猪肉中有害重金属元素含量不超标，必须切断这两条通道，即猪吃的饲料和饮水，其有害重金属元素含量要达到我国国家规定的《国家饲料卫生标准》（GB 13078—2017）中的要求。

81 猪肉中怎么会有霉菌毒素呢？对人体有何危害

霉菌毒素是霉菌的毒性代谢产物。霉菌产毒仅限于少数产毒霉菌的部分菌株。不同的霉菌可产生同一种霉菌毒素，而一种菌种或菌株可产生几种霉菌毒素。目前已发现的霉菌毒素约 200 余种，其中少部分在自然条件下可引起动物及人中毒。比较重要的有黄曲霉毒素、赭曲霉毒素、杂色曲霉素、岛青霉素、黄天精、环氯素、展青霉素、橘青霉素、褶皱青霉素、黄绿青霉素、青霉酸、圆弧青霉偶氮酸、二氢雪腐镰刀菌烯酮、

F-2 毒素等。霉菌毒素可以通过食物链传递。

猪肉中的霉菌毒素主要来自饲喂的霉变饲料,如梅雨季节的发霉玉米、发霉豆粕等原料以及霉变的全价配合饲料。最常见的中毒症状是腹泻、呕吐和性功能异常。据报道还具有致突变性及致癌性。

82 无公害猪肉的感官指标有哪些

无公害猪肉的感官指标见表 3。

表 3 无公害猪肉的感官指标

感观指标	鲜猪肉	冻猪肉
色泽	肌肉有光泽,红色均匀,脂肪乳白色	肌肉有光泽,红色或稍暗,脂肪白色
组织状态	纤维清晰,有韧性,指压后凹陷立刻恢复	肉质紧密,有坚韧性,解冻后指压恢复较慢
黏度	外表湿润,不粘手	外表湿润,切面有渗出液,不粘手
气味	具有鲜猪肉固有的气味,无异味	解冻后具有鲜猪肉固有的气味,无异味
煮沸后肉汤	澄清透明,脂肪团聚于表面	澄清透明或稍有浑浊,脂肪团聚于表面

83 无公害猪肉的主要理化指标有哪些

无公害猪肉的理化指标主要有 13 项,见表 4。

表 4 无公害猪肉的理化指标

序　号	项　目	指　标
1	挥发性盐基氮,毫克 /100 克	≤ 15
2	总汞(以 Hg 计),毫克 / 千克	.≤ 0.05
3	铅(以 Pb 计),毫克 / 千克	≤ 0.2

续表

序 号	项 目	指 标
4	无机砷（以 As 计），毫克 / 千克	≤ 0.05
5	镉（以 Cd 计），毫克 / 千克	≤ 0.1
6	铬（以 Cr 计），毫克 / 千克	≤ 1.0
7	金霉素，毫克 / 千克	≤ 0.10
8	土霉素，毫克 / 千克	≤ 0.10
9	磺胺类（以磺胺类总量计），毫克 / 千克	≤ 0.10
10	伊维菌素（脂肪中），毫克 / 千克	≤ 0.02
11	喹乙醇，毫克 / 千克	不得检出
12	盐酸克伦特罗，微克 / 千克	不得检出
13	莱克多巴胺，微克 / 千克	不得检出

注：其他农药和兽药残留量应符合国家有关规定。

84 无公害猪肉的微生物指标有哪些

无公害猪肉的微生物指标主要有 3 种，分为鲜猪肉和冻猪肉列出，见表5。

表5　无公害猪肉的微生物指标

序 号	鲜猪肉	冻猪肉
菌落群数，CFU/ 克	≤ 1×10^6	≤ 1×10^5
总大肠菌群，MPN/100 克	≤ 1×10^4	≤ 1×10^3
沙门氏菌	不得检出	不得检出

注：CFU/ 克——1 克（毫升）检样中所含的能形成菌落的活菌数。

MPN/100 克——每 100 克（毫升）检样中大肠菌群最大可能数。

85 消费者凭感官怎么鉴别异常猪肉

正常猪肉和各种病害猪肉的感官识别方法：

（1）新鲜猪肉。新鲜猪肉脂肪洁白，肌肉有光泽，红色均匀，外表微干或微湿润，用手指压在瘦肉上的凹陷能立即恢复，弹性好，有鲜猪肉特有的正常气味。

（2）不太新鲜的猪肉。不新鲜猪肉脂肪少光泽，肌肉颜色稍暗，外表干燥或有些粘手，新切面湿润，指压后的凹陷不能立即恢复，弹性差，稍有氨味或酸味。

（3）变质猪肉。变质猪肉脂肪无光泽，偏灰黄甚至变绿，肌肉暗红，切面湿润，弹性基本消失，有腐败气味散出。冬季气温低，虽生肉嗅不到氨味，但通过加热或煮沸，就可嗅到跑出来的腐败气味。

（4）母猪肉。一般胴体较大，皮粗肉厚，肌肉纤维粗，横切面颗粒大。以经产母猪为例，皮肤较厚，皮下脂肪少，瘦肉多，骨骼硬而脆，乳腺发达，腹部肌肉结缔组织多，切割时韧性大。

（5）注水肉。这种肉由于含有多余的水分，致使肌肉色泽变淡，或呈淡灰红色，有的偏黄，且显得肿胀，从切面上看是湿漉漉的。而且销售注水肉的"肉墩子"表面也是湿的，严重的有积水，或见肉贩随时用抹布在擦拭水分。注水的冻猪瘦肉卷，透过塑料薄膜可以看到里面有灰白色半透明的冰和红色血冰，用刀把冻猪瘦肉卷砍开时有碎冰块和冰碴溅出，肌肉解冻后有许多渗出的血水。此外，价格便宜的猪肉卷，多半是分割肉的下脚料，常混有病变废弃物，购买时要小心。

（6）死猪肉。死猪肉通常周身淤血呈紫红色，脂肪灰红，肌肉暗红，血管中充满着黑红色的凝固血液。用刀切开后，腿内部的大血管可以挤出黑红色的血栓来。剥开板油，可见腹膜上有黑紫色的毛细血管网。切开肾包囊扒出肾脏，可以看到局部变绿或嗅到腐败气味。

（7）猪囊虫肉。猪囊虫是有钩绦虫的幼虫，寄生在猪的瘦肉里，呈囊泡状，肉眼可看到小米粒到黄豆般大小不等的囊泡，其中有一个白色的头节，很像石榴籽样。囊虫也可见于猪心脏上。人吃了有囊虫的猪肉，会得绦虫病。

（8）猪瘟病肉。病猪的典型症状是：周身皮肤，包括头和四肢的皮肤，都有大小不一的鲜红色出血点；肌肉和脂肪也有小点出血；全身淋巴结都呈紫色；肾脏贫血色淡，有出血点。有的肉贩常将猪瘟病肉用清水浸泡一夜，到第二天再上市销售，尽管这种猪肉显得特别白，也看不到有出血点，但将肉切开，在断面的脂肪和肌肉上仍然可看到明显的出血点。

（9）猪丹毒病肉。典型的可在猪肉的颈部、背部、胸腹部、四肢的皮肤上见到方形、菱形或不整形的红色淤血块，突出于皮肤表面，俗称"打火印"。败血型猪丹毒病猪肉，虽见不到淤血块，但全身皮肤都是紫红色，有的只是胸腹部、头和四肢的皮肤呈紫红色，俗称"大红袍"和"小红袍"。全身淋巴结肿大、发红，切开后可见有黄色液体流出。肾脏肿大，常呈紫黑色。严重的败血型猪丹毒病猪肉，全身脂肪灰红或灰黄色，肌肉呈暗红色。

（10）含瘦肉精的猪肉。这种猪肉往往肌肉色泽鲜艳，肌肉比较发达而背膘比较薄，肥瘦肉比例严重失调，肌纤维较粗。

值得一提的是：由于目前我国的检测工作还不太完善（据报道，全国 5 万多家食品零售企业中，建立检测中心的不足 1%），而且实验室检测一般都是抽样的，故个体漏网也不是完全没有可能。在这种情况下，上面介绍的感官简便识别方法很管用，鉴别一下可使你对买回来的猪肉比较放心一点。

86 什么叫冷却排酸肉？怎么鉴别

冷却排酸肉是现代肉品卫生学及营养学所提倡的一种肉品后成熟工艺，是一种肉成熟工艺处理手段，是鲜肉加工过程中一种最好的处理方法。

　　它的基本处理方法是：经过严格检疫的生猪，屠宰后立即进入冷环境中，采用相关设备，将屠体在 24 小时内冷却到 0 ～ 4℃，使猪肉在冷环境中完成成熟过程，并在冷环境中进行肉的分割、剔骨、加工、包装、储藏、配送、销售。

　　制作冷却排酸肉的基本原理和优点：动物宰杀后，肌肉组织转化成适宜食用的猪肉是要经历一定的生化变化的，包括肉的僵直、解僵和成熟等，在这过程中会产生乳酸。一般情况下，动物在屠宰过程中因惊慌和紧张会分泌大量激素类物质进入血液和体液中，使肌肉和血管收缩，致使酸性物质滞留在屠体内。同时在猪肉温度较高的情况下，屠体内微生物迅速大量繁殖，生化反应强烈，又会产生新的乳酸。乳酸的大量累积会增加猪肉的硬度和降低猪肉的品质。采用冷却排酸肉工艺后，由于屠体迅速处于 0 ～ 4℃ 的冷藏条件下，在肉的表面形成了一层干油膜，这样既可减少水分蒸发，又可阻止微生物的侵入和大量繁殖，使肉毒梭菌和金黄色葡萄球菌等不再分泌毒素，同时还可降低猪肉成熟过程的生化反应速度，减少新的乳酸产生和累积。冷却排酸工艺还有两个重要作用：①在冷藏条件下，由于一些酶的作用，可将部分蛋白质分解成人体容易吸收的氨基酸；②冷却过程中可排空屠体中残留的血液及占体重 18% ～ 20% 的体液，减少屠体中包括乳酸在内的有害物质的含量，确保肉类安全卫生。此外，由于猪肉成熟过程的延迟，肉的组织结构也发生变化，使肉变得易嚼、易消化、口感好、吸收利用率高，从而提高了猪肉的鲜味、芳香气味和营养价值。

　　如果将冷却排酸肉与冷冻肉相比，由于前者经历了较为充分的成熟过程，因此肉质柔软有弹性，好熟易烂，口感细腻，味道鲜美，且营养价值较高；如果将冷却排酸肉与普通猪肉相比，则既没有改变肉的营养组成，也没有改变肉的营养成分，所不同的只是它的部分蛋白质变成氨基酸和排除了猪肉中的一些有害物质，煮起来更易熟、易烂，口味更好，蛋白质更易吸收。

87 绿色猪管理信息系统是怎样从养猪到餐桌的全过程对猪肉进行有效监控的

绿色猪管理信息系统是一个由人、计算机硬件、软件、网络通信设备以及配套的办公设备组成的，能进行信息的收集、传输、加工、储存、反馈、更新、维护和使用，并支持高层决策、中层控制、基层运作的组织集成的人机对话系统。它包括计算机的硬件和软件技术、通信和网络技术、数据库技术等先进技术系统。

绿色猪管理信息系统设计了产地环境质量管理、生产质量管理、疫病监控管理和市场跟踪管理等子系统，既是一个覆盖从"养殖场到餐桌"的数据化网络体系，又是一个可追溯性质量监控的功能强大的体系。它的核心是无线射频识别技术（RFID，radio frequency identification），又叫电子智能标签。它由三部分组成。①标签：固定在猪的耳牌上，具有唯一的电子编码；②读写器：可读取和写入信息；③数据传输天线系统：可在标签与读写器之间传递射频信号。

一旦将嵌入电子标签的猪耳牌打在被监控猪的耳朵上，监控者即可足不出户而获取猪只的系谱列表、来源、进出栏时间、饲料消耗、疫苗免疫、药物治疗和停药期等信息，还可以将国家规定严禁使用的各种违禁药物的信息嵌入系统中，这样就有效地杜绝具有安全隐患的猪只销售出栏，控制了污染的源头。即使猪宰后销到市场，只要耳牌不丢，万一猪出现问题，都可追溯到是哪个猪场出产的猪。

（二）
牛肉、羊肉和禽肉的质量安全

88 "猪肉＋色素"冒充牛肉是怎么一回事

由于市场上猪肉的价格跟牛肉相比要低很多，不法商贩就在便宜的猪肉中加入色素来冒充牛肉，妄图从中获利。使用的色素主要为化学合成。化学合成色素是有一定毒性的，使用时量须控制在一定范围内。不法商贩使用的色素其实就是复合添加剂，是食用香精的一种，主要成分是新鲜肉类、各种氨基酸、味精、水解蛋白等，只能在一些安全剂量内食用，若违规超量和长期食用，则对人体有危害。

89 二噁英是什么东西？对人体有什么危害

二噁英（Dioxin）是一种无色、无味、毒性严重的脂溶性物质。这类物质非常稳定，熔点较高，极难溶于水，可以溶于大部分有机溶剂，是无色无味的脂溶性物质，所以非常容易在生物体内积累。自然界的微生物和水解作用对二噁英的分子结构影响较小，因此，环境中的二噁英很难自然降解消除。它的毒性十分大，是氰化物的 130 倍、砒霜的 900 倍，有"世纪之毒"之称。国际癌症研究中心已将其列为人类一级致癌物质。

二噁英常以微小的颗粒存在于大气、土壤和水中，主要的污染源是化工冶金工业、垃圾焚烧、造纸以及生产杀虫剂等产业，我们日常生活所用的胶袋、聚氯乙烯软胶等物都含有氯，燃烧这些物品时便会释放出二噁英，悬浮于空气中。此外，森林火灾、化学品处理也会产生二噁英。二噁英的毒性因氯原子的取代位置不同而有差异，其中以2，3，7，8-四氯-二苯并-对-二噁英的毒性最强。猪、牛食用二噁英污染饲料后，摄入的毒素主要聚集在脂肪中。

90 亚硝酸盐中毒是怎样发生的？对人体会有哪些危害

牛亚硝酸盐中毒在春季是经常发生的。它是由于青绿饲料贮存、加工或调制不当，使其中的硝酸盐在硝酸盐还原菌的作用下，还原生成亚硝酸盐，亚硝酸盐是强氧化剂，牛吃了这种富含亚硝酸盐的青饲料后，亚硝酸盐很快进入血液，使血红蛋白中的二价铁（Fe^{2+}）氧化为三价铁（Fe^{3+}），从而使正常的低铁血红蛋白变为高铁血红蛋白，失去了携氧能力，血液呈现棕褐色，并发展为贫血、缺氧而形成正铁血红蛋白症。高铁血红蛋白为什么会失去携氧能力呢？因为三价铁与羟基结合很牢固，流经肺泡时不易与氧结合，流经组织时也不易与氧分离，所以丧失了血红蛋白的正常携氧功能，故也称为变性血红蛋白。因此，当这种变性血红蛋白量达到一定数量后，机体就会因缺氧而引起窒息和发绀。如果形成量达到 60% ~ 70% 时，机体就会死亡。

如果牛肉中富含亚硝酸盐，人吃了这种牛肉，使人体内含量达到一定水平，那么人也会出现中毒现象，即出现程度不同的缺氧症状，如口唇及指甲甚至全身皮肤青紫、气促、恶心、呕吐、腹痛、腹泻，重者可出现昏迷抽搐，甚至死亡。

91 禽肉中药物含量超标如何防治

禽肉中药物含量超标的主要原因是生产者在治病中不科学用药和滥

用饲料药物添加剂。要使禽肉中药物含量不超标，就要从这两个方面着手。要做到科学用药，归纳起来要做到"五个要"：

（1）要勤观察，及时发现疾病，及时投药治疗，早治早愈，可少用药。

（2）要对症用药。家禽一旦发生疾病，首先要正确诊断是什么病，切忌盲目用药，更不能使用我国农业部公告禁止使用的药〔农业部、卫生部、国家药品监督管理局相关公告、《无公害产品兽药使用准则》（NY 5030—2016）〕。

（3）要选用高敏药。最好用药前先进行药敏试验。选用高敏药可缩短疗程，减少药物投入，降低死亡率。

（4）要联合用药。现在的禽病往往存在继发或并发现象，在治疗过程中应综合各种病因联合用药，以提高疗效，但要注意药物拮抗作用。

（5）疗程要完整，不要半途而废。疗程不完整，见好就收，往往不能彻底杀灭病原微生物，药效一过，病原微生物的活性复苏，疾病就会复发，而且还可能使病原微生物产生抗药性，增加以后的治疗难度。

（6）用药要遵照农业部公告所提出的药物使用方法和停药期的规定。农业部在《无公害产品兽药使用准则》（NY 5030—2016）以及农业部第 278 号公告中都有明确规定。

关于药物添加剂的使用，首先要杜绝使用农业部提出的禁药物；其次对药物要控制剂量，不可盲目超量使用；第三，要严格执行停药期的规定。要提倡开发和使用中草药添加剂、益生菌类添加剂和酶制剂添加剂，这是控制禽肉中药物超标的方向和途径。

92 牛肉中注水怎样识别

当前对牛肉注水的黑心经销商并非个别，消费者在选购牛肉时要注意识别。识别方法：注水牛肉的表面可见不同程度水肿，肉面鲜有光泽，而且在卖肉的肉墩上放肉的地方可见渗出的血水，有时还可以看见肉贩不时用抹布抹去墩上血水的动作。

93 消费者凭感官如何选购牛肉、羊肉

目前，选购放心的牛肉和羊肉主要有以下三种方法：第一，看是否有动物检疫合格证明和胴体上是否有红色或蓝色滚花印章；第二，看是否有塑封标志和动物检疫合格证明；第三，购买预包装熟肉制品时，要仔细查看标签。

具体选购方法如下：

（1）新鲜安全牛肉的选购法。新鲜的黄牛肉呈棕色或暗红，剖面有光泽，结缔组织为白色，脂肪为黄色，肌肉间无脂肪杂质；新鲜的水牛肉呈深棕红色，纤维粗糙而松弛，脂肪较干燥；新鲜的牦牛肉肉质较嫩，微有酸味。

（2）新鲜安全羊肉的选购法与储藏法。新鲜的绵羊肉，肉质较坚实，颜色红润，纤维组织较细，略有些脂肪夹杂其间，膻味较少；新鲜的山羊肉，比绵羊肉的肉质厚，肉色略白，皮下脂肪和肌肉间脂肪较少，膻味较重。

94 牛肉、羊肉如何保存

牛肉、羊肉一般以现购现烹为宜，如暂时吃不了的可放少许盐腌渍 2 天，即可保存 10 天左右。如需储藏的时间再长一点，可将整块肉洗净后切成下一次所需的大小，装入积少许清水的保鲜袋中扎紧袋口，放进冰箱的冷冻格中，可贮存 2 个月左右。

⑨⑤ 新鲜安全禽肉怎么选购

在超市内选购包装禽肉时要看上面是否有塑封标志和动物检疫合格证明;选购预包装熟肉制品时,要仔细查看标签。在现场购买新鲜禽肉时,要求皮肤洁白无血斑和血迹;肌肉洁白并无出血点和水肿现象,有弹性;腹腔内脂肪鲜黄色;"可见淋巴"要坚实、鲜红、无肿胀、无出血点。

⑨⑥ 雪龙肉牛质量安全追溯系统是怎样监督牛肉安全的

雪龙肉牛质量安全追溯系统是由大连雪龙产业集团自主研发的,2008年已被北京奥运会食品安全委员会采用,以确保我国奥运牛肉食品安全。

所谓雪龙肉牛质量安全追溯系统,是应用了无线射频(即电子耳标)和二维条码技术,使每一头肉牛拥有一张"电子身份证",在肉牛繁殖、育肥、屠宰、销售过程中实现自动化追溯管理。此举在国内尚属首创。

监督牛肉安全的方法:每头牛在屠宰前都被颁发一个"电子身份证",即通过无线射频(即电子耳标)技术,在距离活牛50厘米范围内,将肉牛的全部信息输入电子标签内,包括父母血统、饲养环境、生产过程以及饲养屠宰前的肉牛的各种数据指标,如生产基地、加工企业、配送企业,以及运输、包装、分装、销售等流转过程中的全部信息,这样就建立了安全数据库,把一头肉牛的全部输入信息都记录在这个数据库内。到屠宰时,电子耳标就转化为二维条码,加贴到不同部位的每块肉上,这样就实现了"从农场到餐桌"全过程的跟踪和追溯。此外,以上各种信息也可通过二维条码在数据库中进行查询。

借助"电子身份证",并依托网络技术及数据库技术,一头牛的食品安全可实现信息融合、查询、监控,还可为每一个生产阶段的饲料供给、生产管理、防疫、防病以及分销到最终消费者,提供每块牛肉的安全性、饲料营养成分及库存控制等的合理决策，从而建立起食品安全预警机制。它不仅可以追溯养殖与加工过程中的疫病与污染问题，还可以追溯养殖过程中是否滥用药、是否超范围超限量使用添加剂等，改变以往对牛肉质量安全管理只侧重于生产后的控制而忽视生产预防控制，完善了牛肉加工技术规程、卫生规范以及生产中认证的标准。

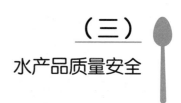

（三）
水产品质量安全

97 无公害水产品质量安全有哪些项目指标

水产品是指在水中生长的可作为食物的生物。其安全指标包含感官指标、鲜度指标和安全卫生指标三部分。

（1）感官指标。

外观：鱼类要求体表光滑无病灶，鲜鱼鳞片完整，无鳞鱼则无浑浊黏液、眼球外突、饱满透明，鳃丝清晰鲜红或暗红。贝类（螺、蚌、蚬）壳无破损和病灶，受刺激后足部能快速缩入体内，贝壳紧闭。甲壳类（虾、蟹）甲壳光洁，完好无损，眼黑亮，鳃乳白色、半透明，反应敏捷，游泳爬行自如。爬行类（龟、鳖）体表完整无损，鳖裙边宽而厚，爬行游泳时动作自如。两栖类（养殖蛙类）体表光滑有黏液，腹部呈白色或灰白色，背部绿褐色或深绿色，后肢肌肉发达，弹跳能力强。

色泽：保持活体状态固有本色，虾青灰或青蓝色。

气味：无异味。

组织：鱼类肌肉紧密有弹性，内脏清晰可辨无腐烂。甲壳类肌肉紧密有弹性，呈半透明。贝类、爬行类、两栖类肌肉紧密有弹性。

鲜活度：鱼虾类要求是活体或刚死不久，螺、蚌、蚬、蟹、龟、鳖、蛙均要求是活体。

（2）鲜度指标。

挥发性盐基氮≤20毫克/100克（淡水产品），pH≥6.3。

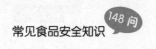
（3）安全卫生指标。具体见表6。

表6　水产品安全指标

类　型	项　目	指　标
重金属及有害元素残留的限量	汞（以 Hg 计），毫克 / 千克	≤ 0.3
	铅（以 Pb 计），毫克 / 千克	≤ 0.5
	铬（以 Cr 计，鱼类、贝类），毫克 / 千克	≤ 2.0
	镉（以 Cd 计，鱼类），毫克 / 千克	≤ 0.1
	铜（以 Cu 计），毫克 / 千克	≤ 50.00
	硒（以 Se 计，鱼类），毫克 / 千克	≤ 1.0
	氟（以 F 计），毫克 / 千克	≤ 2.0
	砷（以 As 计），毫克 / 千克	≤ 0.5
药物残留限量	土霉素，毫克 / 千克	≤ 0.10
	四环素，毫克 / 千克	≤ 0.10
	磺胺类（以磺胺类总量计），毫克 / 千克	≤ 0.10
	氯霉素	不得检出
	青霉素	不得检出
	呋喃唑酮	不得检出
	喹乙醇	不得检出
	己烯雌酚	不得检出
	敌百虫，毫克 / 千克	≤ 0.1
	六六六，毫克 / 千克	≤ 2
	滴滴涕，毫克 / 千克	≤ 1
	亚胺硫磷，毫克 / 千克	≤ 0.5
有毒有害物质限量	二氧化硫，毫克 / 千克	≤ 100
生物毒素及微生物指标限量	麻痹性贝类毒素（PSP），微克 / 千克	≤ 80
	腹泻性贝类毒素（DSP）	不得检出
	菌落总数，个 / 克	≤ 1.0×10^5
	大肠菌群，个 /100 克	≤ 30
	致病菌	不得检出

注：以上指标引自无公害水产品安全要求的行业标准 GB 18406.4—2001。

98 水产品安全当前较突出的问题有哪些

影响水产品安全的因素很多，主要有水产苗种、养殖水体环境、鱼类病害、渔药使用、饲料安全、加工条件、运输与储藏、销售过程等方面。根据当前实际情况看，主要问题是：养殖水体的水质欠佳、饲料中添加激素（如生长激素、性激素等）、滥用渔药（主要是滥用抗生素和国家禁用药物）和在养殖与销售过程中使用染料，如苏丹红一号、孔雀石绿等。

99 水产品中的激素是怎么来的？对人体有何危害

在水产养殖品种中，虾蟹类属于无脊椎动物，现有市场上的激素对促进生长或治病无效，生产者一般不会使用。在鱼类育苗生产阶段使用激素主要用于鱼母催熟产卵，如目前在鳝鱼养殖中添加己烯雌酚等，虽然孵出的鱼苗在养大的过程中不残留，但出售的鲜鱼母中的激素含量就往往超标。另外，在鱼苗生长阶段也有人使用生长激素，以促进鱼苗生长和早熟。人食用激素含量超标的水产品会干扰人体的正常生理功能，破坏人体正常激素水平和功能，以儿童最为敏感，如导致儿童肥胖、女童性早熟、男童女性化，甚至诱发女性乳腺癌、卵巢癌等疾病。

100 黄鳝养殖中有加避孕药吗

黄鳝是雌雄同体的，一生中要经历性逆转的过程。幼鳝鱼生下来是雌的，产完卵后经历性逆转逐渐变为雄性。黄鳝在雌性阶段，生长缓慢，变为雄性以后，体重生长得相对较快。避孕药的主要成分是雌性激素，如果养殖户向黄鳝投喂避孕药，黄鳝吃了避孕药，那么受雌性激素影响，会延迟黄鳝的性逆转，延长雌性阶段的生长发育时间。因此，从养殖效果与效益角度看，养殖户向黄鳝投喂避孕药乃百害而无一利之举。浙江省海洋与渔业主管部门也曾组织相关检测机构抽检黄鳝样品，未发现激素类药物残留。

过去市场上销售的黄鳝主要来源于自然水域中捕获的野生黄鳝。由于黄鳝的视觉较差，取食主要靠嗅觉，在野生的条件下食物相对匮乏，能够捕到的食物很有限，加上活动空间较大，所以野生黄鳝的体型较为瘦长"苗条"。现在人工养殖黄鳝已经成功，一般采用网箱养殖、强化投喂的方式，养殖户每天都会投喂大量的饵料，加上养殖空间有限，少动多吃，黄鳝个体长大长胖也就不奇怪了。

101 鳗鱼孔雀石绿事件是怎么一回事？染料对人体有什么危害

孔雀石绿是一种带有金属光泽的绿色结晶体，又名碱性绿、孔雀绿，它既是杀真菌剂，又是染料，易溶于水，溶液呈蓝绿色；也溶于甲醇、乙醇和戊醇。长期以来，渔民都用它来预防鱼的水霉病、鳃霉病、小瓜虫病等。为了使鳞受损的鱼延长生命，在运输过程中和存放于池内时，也常使用孔雀石绿。但研究结果表明：当孔雀石绿在鱼体内累积，人食用后有致癌、致畸、致突变等副作用。据此，许多国家均将孔雀石绿列为水产养殖禁用药物。我国也于 2002 年 5 月将孔雀石绿列入《食品动物禁用的兽药及其化合物清单》中，禁止用于所有食品动物。鳗鱼孔雀石绿事件是指 2005 年 6 月 5 日，英国食品标准局在英国一家知名超市连锁店所出售的鳗鱼体内发现有孔雀石绿成分，有关方面迅速将此事通报给欧洲国家的所有食品安全机构，发出食品安全警报。

102 甲醛浸泡水产品对人体有害吗

甲醛是一种化工原料，广泛用于纺织、建筑、医药、化工等多种行业。

甲醛具有较高毒性，对人的皮肤以及呼吸器官黏膜具有强烈刺激作用，能够损伤呼吸系统，并且具有一定的致癌性和致畸性，长期低剂量接触还能引发鼻喉癌和白血病等，因此我国明令禁止在食品中添加甲醛。

由于甲醛具有凝固蛋白，使蛋白质变性的特点，用其浸泡食品后，能够增加食品的弹性，改善口感，并能延长食品的保质期，因此部分商家非法用甲醛水溶液浸泡食品以获取利益。常见的非法使用甲醛的食品主要为：水发产品中的海带、海蜇、牛百叶、蹄筋、猪肚等；干制品中的鲍鱼、海参、鱼翅、粉丝、竹笋、肉干、鱼干等；豆制品中的腐竹、豆腐皮、豆腐干；面制品中的面条、馒头等。

经过甲醛浸泡的水产品，外表看起来特别亮、丰满，颜色过白，手感较韧，口感较硬，如甲醛含量较多，用鼻子凑近水产品闻会有轻微的福尔马林的刺激味，所以消费者凭感官还是容易识别的。消费者可以从感官特性来鉴别食品中是否添加甲醛：首先是气味，使用甲醛的食品一般具有刺激性气味。其次是观察产品的形状和色泽，如甲醛泡过的牛百叶、猪肚等水发产品形体较大，且色泽较浅；添加甲醛的面制品和豆制品，颜色也比正常产品白亮。

103 双氧水浸泡水产品对人体有什么危害

双氧水可通过与食品中的淀粉形成环氧化物而导致致癌性，因此我国禁止在水产品、畜禽产品加工过程中使用双氧水。一些商贩为获得最大经济利益，在生产过程中违规使用双氧水，以改善产品的外观质量。目前常见易违禁使用双氧水的食品主要有海蜇、虾仁、鱿鱼、带鱼、牛百叶、鱼皮等水发食品；鸡、鸭、猪、牛、羊等新鲜或冷冻畜禽类产品；干果、面制品等等。少数食品加工点还将发霉水产干品或病死鸡、鸭肉等用双氧水处理后重新出售，严重危害了消费者的健康。

有些水产商贩常利用双氧水来加工和保存水发食品，常见的有水发蹄筋、水发海参等。消费者可以从以下几个方面鉴别水产或畜禽产品是否使用双氧水：首先是色泽方面，加工过程中使用双氧水的水发产品和畜禽产品颜色比正常产品白。其次是质地，使用双氧水的牛百叶、猪皮等水发产品质地较脆，鸡翅、鸡爪、鸡腿等畜禽产品则会发胖。最后，可以从食品是否有漂白水的味道来鉴别是否在加工过程中使用了双氧水。

104 干水产品中亚硝酸盐含量超标对人体有什么危害

硝酸盐（硝酸钾或硝酸钠）是水产品腌制过程中一种常用的发色剂，它可使被腌制的水产品色泽鲜红明亮，并可抑制肉毒杆菌和其他能引起食物中毒的细菌生长，具有一定的防腐作用，还可使腌制品产生特有的风味，所以到目前为止，虽知道硝酸盐的使用会产生亚硝酸盐等一些对人有害的物质，但在各国水产品加工业中仍广泛使用。有的还直接选用亚硝酸盐作为加工原料，其作用与硝酸盐相似，但用量可比硝酸盐低 7 ~ 10 倍。也有的把两者混合使用，发色效果更好。为了减少其对人类的危害性，我国的食品卫生标准中规定，在腌制水产品中亚硝酸盐的含量不得超过 20 毫克 / 千克。硝酸盐（硝酸钾或硝酸钠）进入人体后由肠道内的细菌将其还原为亚硝酸盐危害人体，主要危害点是它能使人血液中的血红蛋白失去运送氧气的能力，因此中毒者会出现程度不同的缺氧症状，如口唇及指甲甚至全身皮肤变青紫、气促、恶心、呕吐、腹痛、腹泻，重者可出现昏迷抽搐，甚至死亡。

105 什么叫海洋动物的生物毒素

海洋和淡水湖泊中的生物资源虽能给人类带来营养丰富的美味佳肴，但它们中的一些种类却也给人类带来危害，如藻类、腔肠动物、腹足类动物以及鱼类中的一些种类都含有不同程度的毒素。据有关资料报道，现已查明的海洋生物中有毒的生物达 1000 余种，其中仅鱼类就占有 500 余种。例如：生活在浅海中的赤鱼，尾呈鞭状，竖有一根锐利的毒刺，若刺伤人，毒液进入伤口，会使人疼痛难忍，晕倒不省人事，甚至产生剧烈的痉挛而死亡；生活在沿海及内河中的河豚，虽然其肉鲜美可供食用，但其生殖器官、血液和肝脾脏器中却含有剧毒，若食用不当，极小的剂量就可使人丧命；生长在日本海、波斯湾及我国近海的若干种毒蛇，如青环海蛇、斑海蛇等，其毒素为神经毒，一旦人被其咬伤便可造成全身痉挛、肌体麻木，最终心脏停搏而导致窒息死亡；生活在深海域的水母，其体内也含有剧毒；生活在美国海域底部的海藻，种类多达几十种，其毒素可以杀死数以亿计的鱼类，给渔业造成上千万美元的损失；生长在海洋暖水域中的海葵（腔肠动物），其所含的毒素强度要比眼镜蛇的毒素高 2000 倍；等等。

但是引起食物中毒的海洋生物毒素，极少是水产品本身产生的，比较集中的一种说法是海洋鱼类吃了有毒的贝类传递过来的。我们已知的一些野生芋螺具有较强的毒性，人手触及会被麻痹，其毒素可能是自身具有的；另一类有毒贝类则是摄食了有毒的微型藻类所造成的。海水中含有大量浮游生物，包括细菌、原生动物和微型藻类，某些微藻含有毒素，当其大量繁殖、集结时，会使海水呈赤红色，故称其为赤潮。赤潮不但是生态环境遭到破坏的结果，同时也是海域被污染、被毒化的结果。贝类、螺类摄入这些有毒的藻类后，自身不中毒，但能将其毒素储存在体内，人若直接吃了这些贝、螺，就会中毒。对于一些人工养殖的海洋动物，其毒性可能是摄取不正规厂家生产的饵料而来，因饵料中可能添加了某些大剂量的有害物质。

106 消费者怎样凭感官识别水产品的质量品质

市场上选购水产品怎样辨别其质量呢？根据浙江省食品安全委员会

推荐有以下几个方法：

（1）关于鱼类。一看其眼，新鲜的鱼眼珠亮而微有凸起，不新鲜的则眼珠下陷无光；二观其鳞，新鲜鱼鳞多，表面发亮，不新鲜的则鱼鳞脱落，且表面发暗；三是摸鱼的表层，新鲜鱼表面黏液丰富发滑，不新鲜的鱼则表面黏液少而发涩；四嗅其味，新鲜的有鱼腥味，不新鲜的则有臭腥味；五看其肚，新鲜鱼的鱼肚完整无破损，不新鲜的则鱼腹部鼓胀，有的鱼肚裂损。对于冰冻鱼，活鱼冰冻后眼睛清亮，角膜透明，眼球略微隆起，鳍展平张开，鳞片上覆有冻结的透明黏液层，皮肤天然色泽明显；死后冰冻的鱼，鱼鳍紧贴鱼体，眼睛不突出。

（2）关于虾类。质量好的对虾，头、体紧密相连，外壳与虾肉紧贴成一体，用力按虾体时感到硬而有弹性，体两侧和腹面为白色，背面为青色，有光泽。次品虾的头、体连接松懈，壳、肉分离，虾体软而失去弹性，体色变黄（雄虾变成浑黄色）并失去光泽，虾节间出现黑箍。

（3）关于海蟹。质量好的海蟹，背面为青色，腹面为白色并有光泽，蟹腿完整、均挺而硬，并与蟹体连接牢固，提起有重实感。次品海蟹，背面呈青灰色，腹面为灰色，用手拿起时感到轻飘，按头胸甲两侧感到壳内不实，蟹腿松懈或一碰即掉。质量严重不佳的，背面发白或微黄，腹面变黑，头胸甲两侧空而无物，蟹腿易自行脱落。

（4）关于藻类。我国的藻类在养殖过程中基本不使用药物和肥料，所以藻类产品是比较安全可靠的。在购买紫菜、海带等藻类食品时，要注意察看色泽，紫菜要求表面有光泽，片薄；干海带的正常颜色则是褐绿色，但海带表面有白色粉末属正常现象。长时间浸泡可减少藻类食品中无机砷的含量。

（5）关于贝类。目前我国养殖贝类基本不使用药物。市民在选购时可根据贝壳的张口或紧闭及味道来辨别新鲜度。

107 吃河豚对人体有害吗

河豚主要生长在我国和日本沿海一带，肉质鲜美，深受人们喜爱。但河豚鱼的某些脏器组织有剧毒，食后可引起中毒。古人有"拼死食河豚"的说法。一般上市的河豚都经过彻底处理，不会引起中毒，但由于进货渠道混乱、加工人员马虎、市场控制不严，也可能会引起消费者中毒。另外，有人自行捕捉河豚，不经彻底加工即食用，中毒事件屡有发生。

河豚体内的毒素主要有河豚毒及河豚酸两种，易溶于水。河豚鱼的毒素主要集中在肝脏、卵巢（鱼子）、睾丸中，以卵巢含毒最剧。每年1～5月是河豚产卵的季节，此时其生殖系统发育，毒性最强，所以往往在春节期间河豚中毒事件最多。

如果河豚宰杀不当，肝脏、卵巢、睾丸中的毒素污染了鱼肉，甚至未挖去鱼的内脏即食用，或喜食鱼子，都会造成中毒。因此，宰割技术和摄取量的多少都会影响中毒的轻重。

108 吃"福寿螺"有什么害处

广州管圆线虫病是一种经常发生在热带、亚热带地区的寄生虫病，在我国南方和南方沿海地区，人体感染并不罕见，近几年，随着人们饮食习惯的不断变化，在北方地区也开始出现散发病例。广州管圆线虫的幼虫常常寄生在淡水螺、鱼、虾、蟹以及青蛙、蛇等动物体内，其中福寿螺的带虫率非常高，有些福寿螺体内寄生的广州管圆线幼虫多达3000～6000条。广州管圆线虫病的潜伏期约为3天到1个月，发病后最明显的症状就是急性剧烈头痛，并伴有发烧等症状，其次是脖子僵硬、皮肤疼痛，还有恶心、呕吐等，严重的还会引起死亡。

2006年，北京蜀国演义酒楼黄寺店的"香香嘴螺肉"这道新菜刚上市不久，就由于加工环节不过关，引发了一场病虫感染的灾难，造成

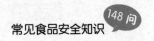

130余人得病，成为国内第一起受人广为关注的福寿螺事件。

109 多宝鱼事件是怎么一回事

　　多宝鱼事件是指多宝鱼的检测样品中检测出硝基呋喃类药物的代谢物及依诺沙星、环丙沙星、氯霉素、孔雀石绿、红霉素等禁用药物残留量超标。中央电视台等媒体对"多宝鱼事件"进行报道后，北京、上海等大中城市市场纷纷停售多宝鱼。

（四）
牛奶、奶粉、禽蛋、蜂蜜的质量安全

110 三聚氰胺奶粉对婴幼儿有什么危害

　　三聚氰胺是一种重要的氮杂环有机化工原料，主要用于生产三聚氰胺-甲醛树脂，广泛用于木材加工、塑料、涂料、造纸、纺织、皮革、电气、医药等行业，此外还可以用作阻燃剂、减水剂、甲醛清洁剂等。从畜牧业来说，三聚氰胺是一种非食品的化工原料，国家规定严禁用作食品添加剂。但一些不法商家为了提高原料奶或奶粉中蛋白质的含量而人为地加入了三聚氰胺。人们特别是儿童吃了这种奶粉，会在尿路中产生结晶，从而形成尿路结石，阻塞泌尿系统，严重的会导致肾衰。

111 阜阳奶粉事件是怎么一回事？对人体有何危害

　　2004年，国内多家新闻媒体报道了阜阳劣质奶粉引发的"大头娃娃"事件。同年4月，国家食品药品监督管理局会同卫生、工商、质检等部门组成联合调查组赶赴安徽阜阳，展开调查工作。截至21日下午，阜阳市共查处劣质奶粉经销大户3家，查获劣质奶粉1364件。这就是阜阳奶粉事件。

　　经有关部门测定，阜阳劣质奶粉的主要问题是：

　　（1）维生素含量严重低下。

　　（2）淀粉含量严重低下。

（3）蛋白质和脂肪含量严重低下。

（4）钙和微量元素中铁、锌含量严重低下。

测定结果证明，阜阳劣质奶粉不符合国家规定的卫生标准，婴儿吃了必然会发生严重营养不良。

消费者识别奶粉优劣（奶粉真假）有五招：

（1）听声音。用手捏住奶粉包装袋摩擦，好的奶粉由于细腻，发出的是"吱吱"的声音，而劣质奶粉因拌有糖，颗粒粗，发出的是"沙沙"的声音。

（2）看颜色。好的奶粉呈天然乳白色，而劣质奶粉的颜色较白，细看呈结晶块并有光泽或呈漂白色。

（3）闻气味。打开包装袋，好的奶粉有牛奶特有的奶香味，劣质奶粉香味很淡甚至没有香味。

（4）品尝。把少量奶粉放入口中，好的奶粉细腻发黏，溶解慢，没有糖的甜味。劣质奶粉入口溶解快，不粘牙，有甜味。

（5）看溶解速度。好的奶粉用冷开水冲时需经搅拌才能溶解成乳白色混悬液；用热开水冲时有悬浮物上浮现象，搅拌时粘住勺子。劣质奶粉用冷开水冲时，不经搅拌就会自动溶解或发生沉淀；用热开水冲时，溶解迅速，没有天然乳汁的香味和颜色。

但是要准确判断奶粉优劣，尚需专业机构的技术鉴定，光凭感官是不够的。消费者要想保证消费安全，能做的还有以下两点：

（1）到信誉较好的大商场去选购。

（2）注意奶粉标签标示是否规范。因为一个能保证质量的正规企业在标示上同样是严谨的，如在产品标签中应标示营养素、产品标准号、净含量等。另外，根据国家有关标准，在标签中被明确要求标明"婴儿最理想的食品是母乳"这样的说明语。

112 雀巢奶粉碘含量超标事件是怎样发生的？对人体有什么危害

雀巢奶粉碘含量超标事件主要是由于采用的原料奶中碘含量超标所造成的，而奶粉出厂前又未经严格检测就投放市场，结果危害人体健康。原料奶中碘超标主要是由于乳牛饲料中添加了碘盐和饲喂碘含量高的草料和饮水所造成，如果对奶牛的饲料、食草和饮水定期进行检测，及时加以调整控制，这是完全可以避免的。

人们特别是婴儿食用碘超标的奶粉，容易引起甲状腺肿大和甲状腺功能亢进症。该病发病大多缓慢，常表现为脾气急躁、手指微抖、心悸、怕热、多汗、食欲亢进却无力、消瘦等症状。此外，女性常有经少及闭经，男性常有阳痿，重者还会有甲状腺弥漫性肿大、双眼球突出等症状。

113 牛奶的安全卫生指标有哪些内容

我国 2010 年颁布实施的国家标准《食品安全国家标准 生乳》（GB 19301—2010）对生乳的安全卫生指标作了规定，具体见表7、表8和表9。此外，《食品安全国家标准 调制乳》（GB 25191—2010）、《食品安全国家标准 灭菌乳》（GB 25190—2010）、《食品安全国家标准 巴氏杀菌乳》（GB 19645—2010）、《食品安全国家标准 发酵乳》（GB 19302—2010）也对相应的乳制品做了相关的安全要求。

表7 生乳的感官要求

项 目	指 标
色泽	呈乳白色或微黄色
滋味、气味	具有乳固有的香味，无异味
组织状态	呈均匀一致液体，无凝块，无沉淀，无正常视力可见异物

表8 理化指标表

项　目		指　标
相对密度，20℃/4℃		≥ 1.027
脂肪，克/100克		≥ 3.1
蛋白质，克/100克		≥ 2.8
非脂乳固体，克/100克		≥ 8.1
酸度，°T	牛乳	≤ 12 ~ 18
	羊乳	≤ 6 ~ 13
杂质度，毫克/千克		≤ 4.0

表9 微生物指标

项　目	指　标
菌落总数，CFU/克	≤ 2×10^6

114 异常牛奶是指哪些牛奶

不准出售和收购的异常奶，是指以下6种牛奶：

（1）乳腺炎奶和乳房创伤奶。

（2）产犊后初奶（7天内）及临产前（15天内）奶。

（3）应用抗生素类药物期间和停药5天内的病牛奶。

（4）患结核病、布氏杆菌病等传染病牛所产的牛奶。

（5）掺水、掺杂、掺入有毒、有害物质和变质的牛奶。

（6）其他不符合安全性牛乳质量标准的牛奶。

115 牛奶塑料包装的安全卫生指标有哪些

由于牛奶是供人们食用的，因此包装材料、印刷油墨、复合胶粘剂、吹塑粒子和添加剂等必须符合包装材料食品卫生标准以及食品包装法规的要求，即牛奶塑料包装必须是：无毒，无臭，无异味，残留溶剂少，不含有毒重金属元素等。

116 怎样鉴别蜂蜜的质量好坏

蜂蜜的质量等级分一级品和二级品，分别有具体的质量要求。

（1）感官要求。

色泽：依蜜源品种不同，有水白色（几乎无色）、白色、特浅琥珀色、浅琥珀色、琥珀色至深色（暗褐色）。

气味：有蜜源植物的花的气味，没有酸或酒的挥发性气味和其他异味。单一花种蜂蜜有这种蜜源植物的花的气味。

滋味：依蜜源品种不同，味甜、甜润或甜腻（甜润指感觉舒适的甜味感，甜腻指感觉过于甜的甜味感）。某些品种有微苦、涩等刺激味道。

状态：常温下呈黏稠流体状，或部分及全部结晶；不含蜜蜂肢体、幼虫、蜡屑及其他肉眼可见杂物。

（2）理化要求。强制性理化要求见表10，推荐性理化指标见表11。

（3）安全卫生要求。应符合《食品安全国家标准　蜂蜜》GB 14963—2011标准和法律、法规、规章及有关标准要求。

（4）真实性要求。①不得添加或混入任何淀粉类、糖类、代糖类物质；②采用《蜂蜜中碳 -4 植物糖含量测定方法　稳定碳同位素比率法》GB/ T 18932.1—2002标准方法试验时，试验结果：蜂蜜中碳 -4 植物糖的百分含量不得大于7；③不得添加或混入任何防腐剂、澄清剂、增稠剂等异物。

表 10　蜂蜜强制性理化指标

项　目		一级品	二级品
水分，%	荔枝蜂蜜、龙眼蜂蜜、柑橘蜂蜜、鹅掌柴蜂蜜、乌桕蜂蜜	≤ 23	≤ 26
	除荔枝蜂蜜、龙眼蜂蜜、柑橘蜂蜜、鹅掌柴蜂蜜、乌桕蜂蜜以外的品种	≤ 20	≤ 24
果糖和葡萄糖含量，%		≥ 60	
蔗糖含量，%	桉树蜂蜜、柑橘蜂蜜、紫苜蓿蜂蜜	≤ 10	
	除桉树蜂蜜、柑橘蜂蜜、紫苜蓿蜂蜜以外的品种	≤ 5	

表 11　蜂蜜推荐性理化指标

项　目		一级品	二级品
酸度，（摩尔 / 升 NaOH），摩尔 / 千克		≤ 40	
羟甲基糠醛，毫克 / 升		≤ 40	
淀粉活性［1% 淀粉溶液，毫升 /（克·小时）］	荔枝蜂蜜、龙眼蜂蜜、柑橘蜂蜜、鹅掌柴蜂蜜	≥ 2	
	除荔枝蜂蜜、龙眼蜂蜜、柑橘蜂蜜、鹅掌柴蜂蜜以外的品种	≥ 4	
灰分，%		≤ 0.4	

（5）特殊限制要求。①不应使用化学或生化处理方法改变蜂蜜的结晶变化；②加热处理时温度不能过高，防止蜂蜜基本成分发生变化，造成质量损害；③不允许抗生素和重金属元素等有害物质含量超标。

人们在选购蜂蜜时可根据以上质量指标进行鉴别。

117 "人造鸡蛋"对人体有毒害作用吗？如何辨别

"人造鸡蛋"的"蛋壳"，是将碳酸钙材料倒进专门的模具内制成的，"蛋清"是用淀粉、树脂、纤维素、凝固剂等合成的，"蛋黄"是添加黄色食用色素到"蛋清"中并包以薄膜而形成的。把"蛋清"和"蛋黄"注入（置入）"蛋壳"内再给"蛋壳"封顶即成"人造鸡蛋"。据称人们长期食用"人造鸡蛋"会造成记忆力衰退，易患阿尔茨海默病。

辨别真假鸡蛋有七招：

（1）假鸡蛋蛋壳的颜色比真鸡蛋的外壳要稍亮。

（2）用手触摸假鸡蛋蛋壳，比真鸡蛋要略粗糙。

（3）在晃动假鸡蛋时会有声响，这是因为水分从凝固剂中溢出的缘故。

（4）用鼻子细细地闻，假鸡蛋没有真鸡蛋的腥味。

（5）轻轻敲击时，真鸡蛋发出的声音较脆，假鸡蛋声音较闷。

（6）假鸡蛋打开后不久，蛋黄和蛋清就会融到一起。这是因为蛋黄与蛋清是同质原料制成所致。

（7）在煎假蛋时，蛋黄在没有搅动下会自然散开。这是因为包着人造蛋黄的薄膜受热后裂开的缘故。

118 皮革水解蛋白对人体是否有毒害作用

皮革水解蛋白就是用城市垃圾堆里的破旧皮衣、皮鞋，还有厂家生产皮具时剩下的边角料，经过化学处理，水解出皮革中原有的蛋白。由于皮革水解蛋白是由废品皮革用石灰鞣制后生成的，在用这种原料生产水解蛋白的过程中会产生大量重金属六价铬有毒化合物，若被人体吸收，会危害人体健康，因此皮革水解物只能用于生产工业明胶，不能用于食品加工。

第四部分

加工食品与食品添加剂安全

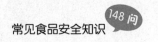

（一）
加工食品安全

119 为什么禁止在面制品中使用溴酸钾

溴酸钾的使用已有 90 多年历史，曾被认为是烘焙业中最好的面团调节剂之一。在面团发酵和烘焙过程中加入溴酸钾，可以通过与面筋组织发生反应，影响面团的结构和流变性能，增强面筋的强度和弹性，从而改善面粉的烘焙效果。多年来人们一直认为在正确的烘焙条件下溴酸钾能够转化为溴化物，对人体健康不产生影响，但随着检测能力的提高，有研究发现，烘焙后在面包中仍残留一定量的溴酸根。

近年来，有研究发现溴酸钾具有一定的致癌性，可促使动物的肾脏、甲状腺及其他组织发生癌变。1992 年，FAO/WHO（联合国粮农组织 / 世界卫生组织）食品添加剂联合专业委员会（JECFA）撤销了溴酸钾的使用。目前溴酸钾已被欧盟，以及加拿大等多个国家禁止使用，我国也全面禁止溴酸钾在面制品中使用。

120 目前豆制品中易出现的食品安全问题有哪些？消费者应如何选购豆制品

豆制品分为发酵性豆制品和非发酵性豆制品，较易出现安全问题的为非发酵豆制品，如豆腐、腐竹、豆腐皮等。目前存在的主要安全问题有以下几种：一是微生物超标，由于豆制品含有丰富的蛋白质，较易被微生物污染，如果生产、储存、运输、销售过程中操作不当，会导致微生物超标。二是超量或超范围使用食品添加剂，如我国规定豆腐等即食豆制品中不允许添加苯甲酸作为防腐剂，但仍有部分厂家在产品中添加苯甲酸。三是非法添加非食用物质，如一些厂家为改善腐竹的外观，在腐竹中非法添加吊白块，而食用吊白块后能引起呼吸困难、胃痛、呕吐等症状，并能损伤人体肝、肾脏。

针对以上安全问题，消费者最好到有冷藏保鲜设施的市场或超市选购具有防污染包装的豆制品，不要食用表面发黏或变色的豆制品。另外，也不要选购过白或过亮的产品。

121 目前干制食用菌中存在的主要安全问题有哪些

食用菌产品营养丰富，含有人体必需的多种营养成分，还具有一定的保健功效，深受人们喜爱。由于干制产品的含水量低，不易受微生物感染，可以延长保质期，因此食用菌除鲜食外，常常进行干制加工，但干制加工能改变食用菌中某些成分及其含量，从而产生一定的安全问题。如部分对重金属富集能力较强的食用菌干制后，因浓缩作用，产品中铅、砷等重金属含量易超标。香菇干制加工工艺不当，也会造成产品中甲醛含量超标。另外，部分厂家为使银耳、竹荪等部分食用菌制品增白，在加工过程中过量使用漂白剂，造成产品中二氧化硫严重超标。

因此消费者在选购干制食用菌时，要查看食用菌的色泽、气味，不要选购具有刺激性味道的食用菌制品，不要选购太白的银耳、竹荪等制品。另外，干制食用菌在食用前最好用热水浸泡及清洗，以消除产品中的大部分甲醛和二氧化硫。

122 什么是果蔬糖制品？较常出现的安全问题有哪些

果蔬糖制品是将果蔬加糖浸渍或热煮而成的高糖制品，包括蜜饯、果脯等产品。目前果蔬糖制品易存在的主要安全问题有以下两种：一是微生物超标问题。按传统工艺，果蔬糖制品可通过高糖含量来抑制细菌生长，但大多果脯、蜜饯等产品的糖含量都达不到抑菌的浓度（50%～55%），而低含糖量的产品可以促进微生物的生长，因此如果加工过程中的灭菌环节不当，容易造成微生物超标。二是添加剂超标问题。如部分厂商在蜜饯、果脯等产品中过量添加防腐剂、甜味剂、色素等食品添加剂，造成产品中防腐剂、甜味剂或色素超标，给消费者健康带来危害。另外，在部分蜜饯产品生产过程中可加入亚硫酸盐进行漂白，但如果过量使用会造成产品中二氧化硫残留量超标。

因此消费者在选购果脯、蜜饯等产品时，尽量购买较大企业生产的产品，并且要查看产品的外观和闻气味，不要购买有杂质、色彩鲜艳或有刺激性气味的产品。

123 什么是工业盐？如何鉴别工业盐和食用盐

不能直接食用的但可以用于工业生产的盐，我们统称为工业盐。在日常生活中，人们通常说的工业盐是指工业用氯化钠，它不仅纯度较低，还含有大量的铅、砷、亚硝酸盐等有害物质。如果误食工业盐，将影响人体健康，如导致头痛、恶心、呕吐、腹痛、腹泻等症状，严重时还可出现昏迷，甚至死亡。

在生活中，消费者可通过观察盐的色泽和颗粒大小来区别工业盐和食用盐，通常食用盐呈白色结晶状，颗粒细小；工业用盐不含碘，颗粒比较大，杂质比较多。此外，消费者还可以利用食用盐加了碘的特性，根据淀粉遇碘会变蓝的原理，将盐用少量水溶解，加淀粉如变蓝则为正常加碘食用盐。

 124　常见肉制加工品种类有哪些？加工过程中可能存在的污染有哪些

常见的肉制加工品有腌制品、酱卤制品、熏烤制品、干制品、香肠制品等。腌制品是指肉经腌制、晾晒或烘烤等方式制成的肉制品，包括酱肉类、咸肉类和腊肉类等；酱卤制品是指肉加调料和香辛料后煮制而成的肉制品，包括糟肉类、酱卤肉类等；熏烤制品是指肉经腌制后再用烟气、明火等方式熏烤而成的产品；干制品多指干熟肉类制品，常见的有肉干、肉脯、肉松等；香肠制品指肉切碎后用酒、盐、酱油等调料腌制后，充填入肠衣中，经晾晒、风干等过程制成的肠衣制品。

目前肉制品加工过程中存在的主要安全问题有两种：一是微生物超标，主要原因是生产过程中的卫生条件差或灭菌手段没有达到要求。二是滥用添加剂，肉制品加工过程中需大量的食品添加剂，如色素、防腐剂、发色剂、保水剂等，其使用范围和使用量国家都有严格的规定，但部分生产厂家不按照规定使用添加剂，造成产品中添加剂使用超标。如肠衣制品中的色素超标，腌制品中超量添加亚硝酸盐等护色剂。

125　熏烤食品的种类以及存在的主要安全问题有哪些

熏烤制品是我国的传统食品，以其风味独特为人们所喜爱。其可分为烟熏类和烧烤类。以烟雾加热为主的为烟熏类，包括熏豆腐干、熏鸡、熏肉、熏鱼等；以火苗或以固体为加热介质的属烧烤类，主要包括烤鸡、烤鸭、烤乳猪、烤牛羊肉等。

由于肉类含有大量脂肪，在熏烤时如果脂肪燃烧不完全，会产生苯并芘。另外，熏烟中也含有苯并芘等烃类物质，在熏烤过程中也能污染食物，增加食物中的苯并芘等烃类物质含量。苯并芘是一种强烈的致癌物，可诱发多种器官和组织的肿瘤，如肺癌、胃癌等，因此不宜经常食用熏烤类食品。

126 硫黄熏过的食品有害健康吗

硫黄燃烧后生成二氧化硫，遇水变成亚硫酸和硫酸。二氧化硫对食品有漂白和防腐作用，使食品外观光亮、洁白，是食品加工中常用的漂白剂和防腐剂，但其使用必须严格按照国家规定和标准使用。有些个体商贩或食品生产企业，为了让食品更好看，或延长食品保质期，或掩盖劣质食品，提高价格，违法使用或超量使用二氧化硫，使得食物营养降低，损害人体健康。

违法使用的范围涉及各类食品，较多见的有食用菌菇类，如白木耳、金针菇、鲜蘑菇、蘑菇罐头等，中药材如枸杞子、金银花等，蜜饯果脯干果如金丝蜜枣、橄榄、杏蜜饯、阿胶枣、葡萄干、杨梅干、山楂卷、甘草杏、糖姜片，鲜、干泡菜如嫩生姜、去皮芋头、咸菜、泡仔姜、泡豇豆、泡酸萝卜、笋干、辣椒干等，动物性食品如乌鱼蛋、鱿鱼丝和烤鱼片等，还有年糕、馒头、进口鲜桂圆等。

二氧化硫对眼和呼吸道有强烈刺激作用，吸入高浓度二氧化硫可引起喉水肿、肺水肿。急性中毒主要表现为流泪、怕光，鼻、咽、喉部烧灼感和疼痛，头痛、头晕、恶心、呕吐及上腹部疼痛。长期接触低浓度二氧化硫，会引起嗅觉、味觉减退甚至消失，头痛、乏力、慢性鼻炎、咽炎、气管炎、肺气肿等慢性中毒。

小常识 •••

识别硫黄熏过食品的特征

①颜色。有的颜色特别白，如白木耳、开心果、年糕等呈雪白色，很光亮；有的特别红、鲜亮，如枸杞。②闻气味。深呼吸闻一下，无食品固有的自然香味，而有刺激性酸味；取少量样品尝试，有辣、苦味或刺激感。③手感较硬。如枸杞子手感较黏重，没有天然枸杞子的干燥感觉；金银花没有松软顺滑的感觉。

•••

127 喝普洱茶会致癌吗

中国工程院院士陈宗懋介绍，黄曲霉菌喜欢在含有一定脂肪和蛋白质含量丰富的物质中生长繁殖，并形成毒素。普洱茶是一种脂肪和蛋白质含量都很低的农产品，其生产过程也不利于黄曲霉菌的繁殖和毒素的产生。另外，茶叶里的茶多酚等成分对黄曲霉菌有抑制作用。被抽检的茶叶样品，特别是普洱茶样品中有黄曲霉菌的数量是很少的。

普洱茶在储存的过程中必须保持干燥，建议消费者在选购普洱茶时，如果发现茶饼明显发霉（比如起白霜、有霉点）或味道不好时不要购买。

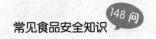

（二）
食品添加剂安全

128 什么是食品添加剂

食品添加剂，指为改善食品感官品质和营养价值，或者延长食品保质期、提高食品原料利用率以及加工工艺需要加入食品的天然或化学合成物质。

129 食品添加剂的种类有哪些

食品添加剂按其来源可以分为天然食品添加剂和化学合成食品添加剂。按食品添加剂的用途可分为抗氧化剂、防腐剂、甜味剂、着色剂、护色剂、漂白剂、膨松剂、酸度调节剂、胶基糖果中基础剂、乳化剂、酶制剂、水分保持剂、营养强化剂、增味剂、面粉处理剂、抗结剂、消泡剂、被膜剂、增稠剂、食品用香料、稳定和凝固剂、食品工业用加工助剂及其他。

130 食品添加剂使用时应符合哪些基本要求

《食品安全国家标准　食品添加剂使用标准》（GB 2760—2014）指出食品添加剂使用时应符合以下基本要求：

（1）不应对人体产生任何健康危害。

（2）不应掩盖食品腐败变质。

（3）不应掩盖食品本身或加工过程中的质量缺陷或以掺杂、掺假、伪造为目的而使用食品添加剂。

（4）不应降低食品本身的营养价值。

（5）在达到预期效果的前提下，尽可能降低在食品中的使用量。

131 在哪些情况下可使用食品添加剂

《食品安全国家标准　食品添加剂使用标准》（GB 2760—2014）指出在下列情况下可使用食品添加剂：

（1）保持或提高食品本身的营养价值。

（2）作为某些特殊膳食用食品的必要配料或成分。

（3）提高食品的质量和稳定性，改进其感官特性。

（4）便于食品的生产、加工、包装、运输或者贮藏。

132 什么是食品添加剂的最大使用量

食品添加剂的最大使用量就是食品添加剂在使用时所允许使用的最大量。由于很多食品添加剂都是化学合成的，过量食用对人体健康会有一定的危害，因此《食品安全国家标准　食品添加剂使用标准》（GB 2760—2014）规定了我国允许使用的添加剂种类和使用范围以及使用限量。

133 什么是天然食品添加剂和人工合成食品添加剂，天然食品添加剂一定安全吗

天然食品添加剂是从动植物或微生物的代谢产物中得到的。人工合成食品添加剂是通过化学合成反应得到的。人工合成食品添加剂又可分为一

般化学合成品和人工合成天然等同物，如天然等同色素和天然等同香料。

通常人们认为天然食品添加剂从动植物产品中直接提取，安全性较高，因此也深受消费者青睐，但最近研究表明，天然食品添加剂并不是绝对安全的，如果使用不当，也会对人体造成伤害。

134 什么是甜味剂？常见的甜味剂有哪些

甜味剂是指加入食品中能够赋予食品甜味的物质。甜味剂按其化学结构和性质可分为糖类和非糖类甜味剂。糖类甜味剂主要包括蔗糖、果糖、山梨糖醇、麦芽糖醇等，其中蔗糖、果糖通常被认为是食品原料，山梨糖醇、麦芽糖醇则属于食品添加剂。非糖类甜味剂按其来源可以分为天然甜味剂和人工合成甜味剂。天然甜味剂主要包括甘草、甜菊糖等。人工合成甜味剂包括糖精、糖精钠、安赛蜜、甜蜜素、三氯蔗糖、阿斯巴甜、阿力甜等。

由于人工合成甜味剂产生的热量少，价格便宜，因此在食品中广泛应用。食品中最常见的人工合成甜味剂有糖精钠、安赛蜜、甜蜜素、阿斯巴甜。

135 什么是食品防腐剂、抗氧化剂？国家允许使用的种类有哪些

防腐剂是指用于防止食品腐败变质、延长食品保存期的添加剂。目前《食品安全国家标准　食品添加剂使用标准》（GB 2760—2014）规定允许使用的有山梨酸、山梨酸钾、丙酸钠、丙酸钙、肉桂醛、苯甲酸、苯甲酸钠、脱氢乙酸、联苯醚、对羟基苯甲酸酯类、五碳双缩醛、2，4-二氯苯氧乙酸等。目前应用最广泛的为苯甲酸、苯甲酸钠、山梨酸、山梨酸钾。其中《食品安全国家标准　食品添加剂使用标准》（GB 2760—

2014）规定苯甲酸和苯甲酸钠允许在浓缩果蔬汁、蜜饯、酱油、醋、酱及酱制品等产品中使用。山梨酸可用于醋、酱油、酱及酱制品、蜜饯、熟肉制品、糕点等。

抗氧化剂是指能防止或延缓食品成分氧化、分解，提高食品稳定性的物质。目前《食品安全国家标准　食品添加剂使用标准》（GB 2760—2014）规定允许使用的抗氧化剂有抗坏血酸、抗坏血酸钙、维生素 E、丁基羟基茴香醚（BHA）、二丁基羟基甲苯（BHT）、没食子酸丙酯（PG）、茶多酚（又名维多酚）、竹叶抗氧化物、甘草抗氧化物、植酸、磷脂等。其中 BHA、BHT 主要用于膨化食品、杂粮粉、油炸面制品、饼干、腌腊肉制品、方便米面制品等。

136 什么是食用着色剂？我国常用的着色剂有哪些

食用着色剂是指用来赋予或改善食品色泽的物质。按来源可分为天然色素和化学合成色素两类。我国常用的天然色素有 β-胡萝卜素、姜黄、辣椒红、红曲红、高粱红、甜菜红等。常用的化学合成色素有胭脂红、赤藓红、柠檬黄、日落黄、靛蓝、亮蓝等。由于天然色素对光、热、酸、碱等不稳定，容易褪色或变色，而化学合成色素的色泽鲜艳、不易变色，因此食品加工企业常常在食品生产中加入化学合成色素。过量食用化学合成色素会影响人体健康，因此《食品安全国家标准　食品添加剂使用标准》（GB 2760—2014）中对不同着色剂的使用范围和使用量都作了严格规定，要求生产商严格按照标准规定使用着色剂，确保食品安全。

137 什么是护色剂？常用的护色剂有哪些

护色剂是指能与肉或肉制品中的物质反应生成不易分解的呈色物质，进而使产品能够长时间保持良好色泽的物质。常见的护色剂为硝酸盐和亚硝酸盐，包括硝酸钾、亚硝酸钾、硝酸钠、亚硝酸钠。主要作用原理是亚硝酸盐在酸性条件下能生成亚硝酸，进一步分解产生亚硝基，亚硝基与肉制品中的肌红蛋白和血红蛋白结合，生成具有鲜红色的亚硝基肌红蛋白和亚硝基血红蛋白，进而改善肉制品色泽。目前在加工过程中常常使用的是硝酸盐与亚硝酸盐的混合物。

亚硝酸盐与胺类物质反应能生成亚硝胺，而亚硝胺具有一定的致癌性。由于目前没有更好的替代品，因此各国均允许在肉制品中使用硝酸盐和亚硝酸盐，但需严格遵守使用限量。

138 什么是酶制剂？酶制剂的安全性怎样

酶制剂是由动物或植物直接提取或由微生物发酵提取制得，具有催化功能，用于食品加工的生物制品，常用的有果胶酶、蛋白酶、木瓜蛋白酶、固定化葡萄糖异构酶制剂、淀粉酶、木聚糖酶、脂肪酶、葡萄糖氧化酶、糖化酶、纤维素酶、菊糖酶等等。

由于很多酶制剂来源于微生物，而且日常使用的酶制剂也不是纯酶制品，为防止酶制剂对人体健康产生危害，批准使用的酶制剂都要进行安全评价。通常认为从动植物的可食部分或传统上用于食品的菌种如酵母菌、乳酸杆菌、枯草杆菌中得到的酶是相对安全的，而从其他微生物中得到的酶，则必须通过毒理学试验，进行安全评价。目前《食品安全国家标准 食品添加剂使用标准》（GB 2760—2014）中允许使用的酶都是经过安全评价的，不会危害人体健康。

139 苏丹红是食品添加剂吗

在我国，对于食品添加剂有着严格的审批制度，只有列入食品添加剂名单的产品才可以在食品中使用。苏丹红是一种化工染色剂，并不在食品添加剂产品范围内，并非食品添加剂。

在 1918 年以前，美国曾经批准苏丹一号作为食品添加剂，但随着其致癌性被发现，美国取消了其作为食品添加剂使用的许可，世界各国也都禁止在食品中使用苏丹红。2003 年 5 月，法国首先发现在进口的辣椒粉中含有苏丹一号成分。2005 年 2 月英国食品标准署列举了 575 种含有苏丹一号的食品，并发布食品安全警告。随后，为防止含有苏丹红的食品被销售，我国国家质量监督检验检疫总局也发布了《关于加强对含有苏丹红（一号）食品检验监管的紧急通知》，要求清查在国内销售的食品，经监督检查发现了部分辣椒酱、调味品中含有苏丹红。

140 违法添加的非食用物质与食品添加剂有什么区别？如何判定

食品添加剂具有改善食品品质、提高食品营养价值、延长食品保存期等作用，已成为现代食品工业必不可少的一部分。我国批准使用的食品添加剂都是经过安全评价的，并在一定的毒理数据基础上，制定了相应的使用规定和使用限量，只要严格按照国家的食品添加剂卫生标准使用，不会对人体产生健康危害。违法添加的非食用物质大多属于工业用化合物，往往对人体具有一定的毒害作用，有的甚至可以致癌，是禁止在食品工业中使用的。

判定一种物质是否属于违法添加的非食用物质，卫生部关于印发《食品中可能违法添加的非食用物质和易滥用的食品添加剂品种名单（第一批）》的通知中给出以下原则：不属于食品原料的，不属于批准使用的新资源食品，不属于卫生部公布的食药两用或作为普通食品管理的，未列入《食品添加剂使用卫生标准》和《食品营养强化剂使用卫生标准》中的，并且在其他我国法律法规允许使用物质之外的都属于违法添加的非食用物质。

141 食品中常见的非法添加的工业染料有哪些？如何鉴别加工食品中加入的工业染料

很多工业染料如苏丹红、碱性橙、碱性嫩黄、酸性橙、玫瑰红等具有一定的毒性，有的甚至可以致癌，因此禁止在食品中添加使用。但由于工业染料价格较低、着色性强、稳定性好、在食品加工贮存过程中不易褪色，因此近年来一些不法商家在食品生产过程中加入工业染料，严重危害消费者身体健康。可能违法添加的工业染料有：苏丹红，主要用于辣椒粉、咸蛋黄的着色；美术绿，主要用于茶叶的着色；罗丹明主要用于调味品着色；碱性橙、碱性嫩黄，主要用于腐皮等豆制品的着色；酸性橙，用于卤制熟食着色。

对于加入工业染料的食品可通过外观进行鉴别，未加工业染料的食品往往颜色自然，随着存放时间的延长，颜色会发暗，而加入工业染料的食品颜色鲜亮，并且不易褪色。如没加入苏丹红的辣椒粉，阳光下暴晒或存放时间长，会慢慢褪色，而加入苏丹红的辣椒粉颜色鲜艳，阳光下暴晒或长时间存放，均不褪色。另外，可能加入工业染料的食品用油或水浸泡，颜色易脱落。

142 为什么禁止在食品中使用工业硫黄

硫黄在燃烧时可产生二氧化硫气体，二氧化硫能够起到漂白、保鲜食品作用。目前我国对硫黄的使用范围和使用量都有严格的规定，允许使用的食品有蜜饯、干果、干制蔬菜、食用菌等，如干制蔬菜最大使用量为 0.2 克/千克，食用菌最大使用量为 0.4 克/千克，蜜饯中最大使用量为 0.35 克/千克。

因为工业硫黄往往含有铅、砷等有毒物质，熏制过程中会使这些有毒物附着在食品上，对人体产生危害，因此在食品中严禁使用工业硫黄。

目前仍有部分不法商家为降低成本使用工业硫黄代替食用硫黄，严重危害消费者健康。

143 食品中违禁添加硼砂对人体有什么危害

硼砂是一种化工原料，也是一种外用消毒剂，其主要成分是四硼酸钠，属有毒有害物质。大剂量的硼砂能够对哺乳动物产生细胞毒性和遗传毒性。硼砂进入人体后，能够损害肾脏等器官，轻度中毒能够引起人食欲减退、消化不良，严重时能引起休克、昏迷等，因此禁止在食品中使用。

由于硼砂加入食品中能起防腐、增加弹性等作用，因此部分商贩在食品中添加硼砂以改善食品卖相和口感。目前易非法添加硼砂的食品主要有肉馅、肉丸等。添加了硼砂的肉馅和肉丸等颜色比普通产品更加鲜亮，而且质地较硬，但是普通消费者不容易辨别食品中是否添加了硼砂，因此消费者最好到超市和正规的市场购买肉丸等食品。

第五部分

食品安全的监督检测与管理

（144） 我国有哪些食品、农产品的认证标志

　　我国目前的农产品认证主要有：无公害农产品认证、绿色食品认证、有机食品认证，简称"三品"，以及农产品质量安全市场准入的 QS 认证。

　　（1）无公害农产品。无公害农产品是指产地环境、生产过程、产品质量符合国家有关标准和规范的要求，经认证合格获得认证证书并允许使用无公害农产品标志的未经加工或初加工的食用农产品。无公害农产品认证的办理机构为农业部农产品质量安全中心。

无公害农产品标志

　　（2）绿色食品。绿色食品是指遵循可持续发展原则，按照特定生产方式生产，经专门机构认定，许可使用绿色食品标志商标的无污染的安全、优质、营养类食品。绿色食品标志是经中国绿色食品发展中心在国家工商行政管理局商标局注册的质量证明商标，用以证明食品商品具有无污染的安全、优质、营养的品质特性。绿色食品认证的办理机构为中国绿色食品发展中心。识别绿色食品应通过"四位一体"的外包装。"四位一体"是指：图形商标、文字商标、绿色食品标志许可使用编号和绿

色食品防伪标志同时使用在一个包装产品上。综合商场、大型超市、食品商店等处均可买到绿色食品。

绿色食品标志

如今，绿色食品成为大部分消费者的首选，说明我国消费者健康和环保意识正不断增强。现在一些商家违规使用绿色食品标志，这首先会误导消费者，如果它本身的价格等于或低于其他没有绿色食品标志的产品，消费者肯定会选择有绿色食品标志的产品，物非所值，消费者的经济利益就会受到侵害。其次如果产品没有达到绿色食品的标准要求，就有可能危害到消费者的身体健康。

为此，有关专家介绍，消费者购买绿色食品时要做到"五看"。

一看级标。我国将绿色食品定为 A 级和 AA 级两个标准。A 级允许限量使用限定的化学合成物质，而 AA 级则禁止使用。A 级和 AA 级同属绿色食品，除了有两个级别标志外的，其他均为冒牌货。

二看标志。绿色食品的标志和标袋上印有"经中国绿色食品发展中心许可使用绿色食品标志"字样。

三看标志上标准字体的颜色。A 级绿色食品的标志与标准字体为白色，底色为绿色，防伪标签底色也是绿色，标志编号以单数结尾；AA 级使用的绿色标志与标准字体为绿色，底色为白色，防伪标签底色为蓝色，标志编号的结尾是双数。

四看防伪标志。绿色食品都有防伪标志，在荧光下能显现该产品的标准文号和绿色食品发展中心负责人的签名。

五看标签。除上述绿色食品标志外，绿色食品的标签符合国家食品标签通用标准，如食品名称、厂名、批号、生产日期、保质期等。检验绿色食品标志是否有效，除了看标志自身是否在有效期，还可以进入绿色食品网查询标志的真伪。

（3）有机食品。"有机食品"这一词是从英文 Organic Food 直译过来的，其他语言中也有叫生态或生物食品等的。有机食品指来自有机农业生产体系，根据有机农业生产要求和相应标准生产加工，并且通过合法的、独立的有机食品认证机构认证的农副产品及其加工品。有机食品的目标定位为保持良好生态环境，人与自然和谐共生。

有机食品标志

目前，市场上有机食品种类繁多，价格较一般的食品也相对昂贵。消费者可从以下几个方面简单辨识：从产品的外包装上看，有机食品都印有"有机食品认证"标识，"有机食品认证"标识下面还标有产品认证编码，根据这个编码可以追寻出这批有机食品种植的农场信息。从外观上看，普通食品大小比较整齐，块头匀称，这是因为使用了化肥的结果；有机食品的外形没有普通食品好看，经常都是形状大小不一、不够美观的，这也是它纯天然的一个证明之一。从食品的味道上说，有机食品也和普通食品明显不同，比如有机猪肉的口感更香、更筋道、肉味浓，有机蔬菜的口感也很明显比普通蔬菜要好很多，能让人重新找到吃一根黄瓜满屋飘黄瓜香的感觉。有机主食相对于有机肉类和有机蔬菜来说，与普通主食的区别较弱一些，但仍能品出粮食特有的清香。所以，有机食品不仅比普通食品更有营养、更健康，味道也更好。

145 什么是食品的质量安全市场准入（QS）

目前，产品包装上的"QS"（即质量安全市场准入）标志越来越被消费者所熟悉，它是指由有关主管部门或组织，按照规定的程序颁发给生产者，用以表明该企业生产的该产品的质量达到相应水平的证明标志。标志主色调为蓝色，字母"Q"与"质量安全"四个中文字样为蓝色，字母"S"为白色。使用时可根据需要按比例放大或缩小，但不得变形、变色。鉴于一些不法分子的造假手段无孔不入，消费者在购买产品时要注意以下事项：

（1）"QS"标识。"QS"标识下编号由英文字母 QS 加 12 位阿拉伯数字组成。编号前 4 位为受理机关编号，中间 4 位为产品类别编号，后 4 位为获证企业序号。

（2）受理机关编号。受理机关编号由阿拉伯数字组成，前 2 位代表省、自治区、直辖市，由国家质检总局统一确定；后 2 位代表各市（地），由省级质量技术监督部门确定，并上报国家质检总局产品质量监督司备案。前 2 位编号规定：北京 11，天津 12，河北 13，山西 14，内蒙古 15，辽宁 21，吉林 22，黑龙江 23，上海 31，江苏 32，浙江 33，安徽 34，福建 35，江西 36，山东 37，河南 41，湖北 42，湖南 43，广东 44，广西 45，海南 46，重庆 50，四川 51，贵州 52，云南 53，西藏 54，陕西 61，甘肃 62，青海 63，宁夏 64，新疆 65。

（3）产品类别编号。产品类别编号由阿拉伯数字组成，位于 QS 代码第5位至第8位，编号由国家质检总局统一确定，分别为粮食加工品：小麦粉0101、大米0102、挂面0103；食用油、油脂及其制品：食用植物油0201；调味品：酱油0301、食醋0302、味精0304、鸡精调味料0305、酱类0306；肉制品：肉制品0401；乳制品：乳制品0501；饮料：饮料0601；方便食品：方便面0701；饼干：饼干0801；罐头：罐头0901；冷冻饮品：冷冻饮品1001；速冻食品：速冻面米食品1101；薯类和膨化食品：膨化食品1201；糖果制品（含巧克力及制品）：糖果制品1301、果冻1302；茶叶及相关制品：茶叶1401；酒类：葡萄酒及果酒1502、啤酒1503、黄酒1504；蔬菜制品：酱腌菜1601；水果制品：蜜饯1701；炒货食品及坚果制品：炒货食品1801；蛋制品：蛋制品1901；可可及焙烤咖啡产品：可可制品2001、焙炒咖啡2101；食糖：糖0303；水产制品：水产加工品2201；淀粉及淀粉制品：淀粉及淀粉制品2301；糕点：糕点食品2401；豆制品：豆制品2501；蜂产品：蜂产品2601。

以浙江省桐乡市某厂生产的茶叶类产品的"QS"编码为例，编码为"QS3304 1401 0044"，"33"代表浙江省，04代表"桐乡市"，"1401"为茶叶产品代码，"0044"代表这家企业的序号。质监部门提醒，目前已有28大类895种食品实施市场产品类别编号准入，如发现销售无编号的"QS"标志产品或伪造"QS"标志，将予以严惩。鉴别"QS"标志真伪最有效的方法是登录国家质检总局的网站进行查询，因为每个"QS"标志都有唯一的12位阿拉伯数字的序列号，对应唯一的产地、企业和产品，网上一查就知真假。

 146 日常生活中遇到的主要食品质量安全问题与注意事项有哪些

（1）产品微生物污染。

微生物污染在日常生活中比较常见，特别是家禽、肉类和牛奶中。

微生物污染是指由细菌与细菌毒素、霉菌与霉菌毒素和病毒造成的动物性食品生物性污染。为防止微生物污染，应做到以下几点：①食物一旦煮好就应尽快吃掉，食用在常温下已存放 45 小时的煮过的食物有危险。②食物必须彻底煮熟才能食用，特别是家禽、肉类和牛奶。所谓彻底煮熟，是指使食物的所有部位的温度至少达到 70℃。③应选择已加工处理过的食品。例如，选择已加工消毒的牛奶而不是生牛奶。食物煮好后难以一次全部吃完，如果需要把食物存放 45 小时，应在高温（接近或高于 60℃）或低温（接近或低于 10℃）的条件下保存。常见的错误是把大量的、尚未冷却的食物放在冰箱里。④经冰箱存放过的熟食必须重新加热至 70℃才能食用。⑤不要让未煮过的食品与煮熟的食品互相接触。⑥保持厨房清洁。烹饪用具、刀叉餐具等都应用干净的布揩干净。这块揩布的使用不应超过 1 天，下次使用前应将其在沸水中煮一下。如有条件，不用揩布，而用活水先冲用具，再晾干。⑦处理食品前先洗手。⑧不要让昆虫、兔、鼠和其他动物接触食品。动物通常都带有致病菌的微生物。⑨饮用水和准备食用时所需的水应纯洁干净。

（2）蔬菜农药残留限量超标。

农药的施用主要用于防治蔬菜病虫害。一般情况下，按照合理的方法施用，农药残留在蔬菜中的量非常少，但是在有些季节，特别是夏季，病虫害发生情况比较严重，蔬菜生长期短，如果菜农在生产过程中使用了禁止使用的农药或者农药施用至采收的时间间隔非常短，就容易造成农药残留量过高，引起急性中毒。一般情况下，叶菜类蔬菜农药残留超标率比较高。

根据浙江省农产品监测的经验，空心菜、甘蓝、菠菜、韭菜等叶类蔬菜农药残留量相对较大。一是因为叶菜的虫害比较严重；二是因为它们的生长周期短，农药来不及分解就已经上市。特别是韭菜，非常容易生韭蛆，而且这种虫子往往生在韭菜的根部，很难杀死。菜农们有时会使用大剂量的农药，甚至高毒、高残留的有机磷农药反复"灌根"，以达到杀虫的效果。同时，由于韭菜属于连续性采收的农作物，农民经常为了保证菜的新鲜，等不到残留农药的安全间隔期过去，就忙着采割上市。这些都是造成韭菜中农药残留问题比较严重的原因。越是施用高毒农药"灌根"的韭菜，长势越好，叶子绿油油的，看起来非常漂亮。在购买时，千万别被这样的假象迷惑了。

（3）产品过期。

农产品和食品一般有保质期和保存期。保质期，又称最佳食用期，国外称之为货架期，指食品在标签指明的贮存条件下，保持品质的期限。在适宜的贮存条件下，超过保质期的食品，如果色、香、味没有改变，在一定时间内仍然可以食用。保存期，即产品可食用的最终日期。在保存期之后，食品可能会发生品质变化，不再具有消费者所期望的品质特性，不能食用，更不能用于出售。

以下是几种常见食品的保质期：

乳品：乳品非常容易腐败变质，如果暴露在常温下，几个小时之内就会变质。对于超市里已经临近保质期的特价酸奶，如果你根本无法在此期限内吃完，那就别买。

食用油：通常食用油的保质期是 18 个月，但这是以包装未开封为前提的。食用油中的脂肪酸会随着贮存时间延长而发生化学变化，营养价值也随之降低。因此，买油看生产日期非常重要，越新鲜越好。食用油开封后暴露在空气中，保质期会相应缩短，即使没吃完，也应至少 3 个月一换。

米面：米面的保质期常温下是 6～12 个月不等。如果在北方，只要不放在高温潮湿的地方，储藏条件也正常，可以延长到 24 个月。不过，米面一旦发了霉，就绝对不能吃了。

面包糕点：根据季节有不同的保质期，一般冬季 7 天，春秋季 3～5 天，夏季 1～2 天。如果面包保存不当，通常隔天就有可能滋生霉菌，这时即使没到期也得坚决扔掉。

蛋类：没有固定的保质期，一般在购买后 3 ~ 5 周内食用都是没问题的。通常每过一星期蛋类的质量就会下降一个等级，但是仍然是可以食用的。

（4）食用野菜谨防中毒。

荠菜、马齿苋等野菜被称为"天然之珍"。春天是吃野菜的时令季节，但在工业废水流经的草地、公路两边生长的野菜，因遭受废水、汽车尾气等污染，导致汞、铅等重金属含量及其他有害物质含量高，食用不慎或食用过多，很容易中毒。公园里的野菜看上去绿油油的，但实际上每到春天，公园会喷洒药物预防病虫害，使生长在其中的野菜受到污染。因此，采摘野菜最好到开阔的郊外，远离垃圾场和废弃的建筑工地。不认识的野菜不要吃。有些野菜含有剧毒，误食后会引起胸闷、腹胀、呕吐，甚至危及生命。

野菜种类比较多，人们在野外郊游时不要采摘、捡拾、购买、加工和食用来历不明的食物，以及不认识的野生菌类、野菜和野果。毫无识别经验者，千万不要自采野菜。

如果在食用野菜后出现胃痛、恶心、呕吐、腹泻等疑似食物中毒症状，首先要立即停止食用，自行组织救治，进行催吐、洗胃、导泻等。当症状缓解后，要立即送往医疗单位救治并及时向当地卫生行政部门报告，保留剩余食物、有关容器等，以备核查中毒原因。

（5）油炸食品与丙烯酰胺。

2005 年 2 月，联合国粮农组织和世界卫生组织联合食品添加剂专家委员会（JECFA）对食品中的丙烯酰胺进行了系统的危险性评估，认为丙烯酰胺的急性毒性属中等毒性物质，其主要毒性为神经毒性、生殖毒性和致癌性。

联合国粮农组织和世界卫生组织联合食品添加剂专家委员会（JECFA）在第 64 次会议上，根据 24 个国家提供的 6752 个 2002 ~ 2004 年食品的检测数据，公布了以下提示，所有富含碳水化合物的油炸食品均可能含有丙烯酰胺，其中含量较高的食品有三类：高温加工的土豆制品、咖啡及其类似制品、早餐谷物（如油饼、面包）类食品。

我国卫生部发布的 2005 年第 4 号公告，建议广大消费者尽量避免过度烹饪（如温度过高或加热时间太长）的食品，但应保证做熟，以确保杀灭食品中的微生物。提倡平衡膳食，少吃油炸和高脂肪食品，多吃水果和蔬菜。建议食品生产加工企业改进食品加工工艺和条件，研究减少食品中丙烯酰胺的可能途径，优化我国工业生产、家庭食品制作中的食品配料、加工烹饪条件，探索降低乃至消除食品中丙烯酰胺的方法。

147 遇到食品安全问题如何处理

消费者可以根据以下政府部门的职能分工向相关的部门进行有效的投诉。主要食品安全监管部门的分工如下：

（1）农业、林业、渔业部门：各自负责初级农产品生产环节的监管。

（2）质量技术监督部门：负责食品生产加工环节质量卫生的日常监管，要严格实行生产许可、强制检验等食品质量安全市场准入制度，严厉查处生产、制造不合格食品及其他质量违法行为。

（3）工商部门：负责食品流通环节的质量监管，要认真做好食品生产经营企业及个体工商户的登记注册工作，取缔无照生产经营食品行为，加强上市食品质量监督检查，严厉查处销售不合格食品及其他质量违法行为，查处食品虚假广告、商标侵权的违法行为。

（4）卫生部门：负责餐饮业和食堂等消费环节的卫生许可和卫生监管，负责食品生产加工环节的卫生许可，卫生许可的主要内容是场所的卫生条件、卫生防护和从业人员健康卫生状况的评价与审核，查处上述范围内的违法行为。

（5）食品药品监管部门：负责对食品安全的综合监督、组织协调和依法组织查处重大事故。

148 什么是食品质量安全追溯体系

食品质量安全追溯系统是一个能够连接生产、检验、监管和消费各个环节，让消费者了解符合卫生安全的生产和流通过程，提高消费者放心程度的信息管理系统。该系统提供了"从农田到餐桌"的追溯模式，提取了生产、加工、流通、消费等供应链环节消费者关心的公共追溯要素，建立了食品安全信息数据库，一旦发现问题，能够根据溯源进行有效的控制和召回，从源头上保障消费者的合法权益。

物品编码技术是目前实现农产品追溯系统的重要手段。

商品条码食品安全追溯平台通过对各类食品信息进行归集、查询、分析、评估、跟踪、预警，实现从生产基地经加工企业、物流配送到零售终端的全程控制。该平台可为公众提供包括肉、禽、蔬菜、水果、海产品在内的 13 个大类、15 万种产品信息，可以快速追溯到产品及相关的详细信息，可以实现对食品生产企业生产环节的跟踪追溯，农产品使用的农药、肥料，畜产品使用的兽药、饲料，水产品使用的各类投入品，种植、养殖、加工环节使用的添加剂等都可以利用该平台进行追溯。对产品物流、配销环节的跟踪追溯，可以了解运输、分装和销售等环节是否对食品造成污染。该平台还可以对问题产品进行预警，一旦发生食品安全问题，追溯系统即可迅速追溯到该问题产品所涉及的加工或销售网络，找到问题存在的环节，避免造成大面积危害，为企业减少损失。追溯信息的查询是该平台的基本功能，利用该平台，企业可以查询产品生命周期内的具体情况；消费者可以查询到从农田、养殖场到加工、储运、销售前的各类信息；管理部门可以通过高级权限查询企业的生产过程是否符合安全标准，对企业进行监督管理。

射频识别技术（RFID）是一种非接触式的自动识别技术，通过射频信号自动识别目标对象并获取相关数据。一个基本的 RFID 系统由三部分组成：电子标签、阅读器和天线。

参考文献

[1] 韩艳春, 阿依吐伦·斯马义. 儿童铅毒性临床和实验研究进展 [J]. 环境与健康杂志 ,2009,8(26):746-748.

[2] 伍立玲. 一起由致病性大肠埃希氏菌引起食物中毒的调查 [J]. 公共卫生与预防医学 ,2007,2(18):67.

[3] 何炜, 李向臣. 疯牛病与朊蛋白的研究进展[J]. 安徽农业科学 ,2007,35(25):7853-7854.

[4] 吴永宁. 现代食品安全科学 [M]. 北京 : 化学工业出版社 ,2003.

[5] 中华人民共和国国务院新闻办公室. 中国的食品质量安全状况 [R]. 2007.

[6] 浙江省食品安全委员会办公室. 2008 年度浙江省食品安全状况报告 [R]. 2009.

[7] 于永莉. 谈谈有毒植物 [J]. 大自然 ,2007(6):51-53.

[8] 王国海. 辐射 (辐照) 在食品储藏中的应用与进展 [J]. 职业与健康 ,2002,9(18):52-53.

[9] 张亚炜, 姜美丽, 于绍山 , 等 . 关于转基因食品的安全性评价 [J]. 农产品加工业 ,2009(8):50-53.

[10] 张宏. 辐照食品的卫生安全性研究和管理现状 [J]. 中国食品卫生杂志 ,2005,17(4):352-355.

[11] 王丽, 程茜. 儿童食物过敏现状及影响因素分析 [J]. 中国全科医学 ,2009,8(12):1484-1485.

[12] 吴国荣 . 掌握识别食品标签知识 [J]. 中国包装 ,2009(1):96.

[13] 马腾 . 谈食品标签与消费者的知情权保护 [J]. 消费导刊 ,2009(6):151.

[14] 赵凡 . 葡萄酒的标签 [J]. 中国酒 ,2002(1):12.

[15] 马樱 . 试谈标准号的发展历程及其规范性 [J]. 世界标准化与质量管理 ,2006,6(6):41-43.

[16] 曲立美 , 董淑琴 , 迟玉聚 . 肥胖与高血压人群的膳食结构分析 [J]. 中国公共卫生管理 ,2007(1):23.

[17] 白寒冰 . 平衡膳食结构 , 防止营养流失 [J]. 东方食疗与保健 ,2007(3):21-23.

[18] 世界卫生组织 . 2007 年全球健康食品排行榜 [J]. 中国医药导报 ,2008,1(5):1.

[19] 大兵 . 饮食与慢性病 [J]. 价格月刊 ,2000(11):39.

[20] 潘文昭 . 几种特殊人群的饮食调节 [J]. 家庭医生 ,2005(2):54.

[21] 范志红 . 冰箱是不是食品的安全港 [J]. 清洗世界 ,2002(7):52-53.

[22] 陈兰秀 . 别把冰箱当成食品仓库 [J]. 健康天地 ,2006(9):89.

[23] 中华营养学会 . 中国居民膳食指南 (2007)[M]. 拉萨 : 西藏人民出版社 ,2008.

[24] 付荣 , 张坚 , 王春荣 . 中国老年人群膳食结构及其变化趋势 [J]. 营养学报 ,2008,1(30):19-31.

[25] 王光婷 , 汪莲爱 , 倪澜苏 . 国内外糙米标准比较分析 [J]. 湖北农业科学 ,2008,2(47):154-157.

[26] 高云鹏 . 谈谈面粉增白剂 [J]. 现代面粉工业 ,2009(1):41-42.

[27] 亲金水 , 吴延年 . 合理使用面粉增白剂 [J]. 粮食与油脂 ,2002(1):38-39.

[28] 何晋浙 , 王静 , 陈红 . 油炸食品中铝污染水平的风险研究 [J]. 粮油食品科技 ,2008(03):55-56.

[29] 若然 . 油炸食品我们还能吃吗 [J]. 科学 24 小时 ,2005(12):4.

[30] 姬薇 . 卫生部提醒 : 少吃油炸食品 [J]. 安全与健康 ,2005(09):56.

[31] 刘北辰 . 大豆食品的营养与保健 [J]. 中国检验检疫 ,2008(09):64.

[32] 段葆兰 . 进一步拉动我国大豆食品的消费 [J]. 食品科学 ,2000(10):6-7.

[33] 陈建军 , 杨双喜 , 杨庆荣 , 等 . 铝对人类健康的影响及相关食品安全问题研究进展 [J]. 中国卫生检验杂志 ,2007(07):1326-1329.

[34] 杨书信 , 韩华民 . 如何预防花生黄曲霉素污染 [J]. 河南农业 ,2009(17):16-17.

[35] 牛振荣 , 朱忠学 . 世界花生黄曲霉毒素污染的研究 [J]. 世界农业 ,1989(09):43-44.

[36] 万书波 , 单世华 , 李春娟 , 等 . 我国花生安全生产现状与策略 [J]. 花生学报 ,2005(01):1-4.

[37] 韩青梅 , 曹丽华 . 小麦赤霉病的生物防治研究进展 [J]. 麦类作物学报 ,2003(03):18-21.

[38] 薛雅琳 , 赵会义 , 张蕊 . 我国食用植物油中反式脂肪酸现状 [J]. 中国粮油学报 ,2009,(01):144-146.

[39] 刘国信 . 各国限制"反式脂肪酸"的规定 [J]. 中国包装 ,2008(06):106.

[40] 王珊 . 有害物质反式脂肪酸 [J]. 食品与生活 ,2005(06),34-35.

[41] 李丽 , 吴雪辉 , 陈春兰 . 调和油的配比对人类健康的影响 [J]. 中国油脂 ,2008(12):7-12.

[42] 中华人民共和国国务院新闻办公室 . 中国的食品质量安全状况白皮书 [EB/OL]. (2007-8-17). http://www. chinanews. com. cn.

[43] 沙怡梅 , 丁莉 . 别让不安全食品损害你的健康 [M]. 北京 : 石油工业出版社 ,2007.

[44] 谢勇明 . 食品安全与卫生实用手册 [M]. 南昌 : 江西科学技术出版社 ,2006.

[45] 朱珠 . 食品安全与卫生检验 [M]. 北京 : 高等教育出版社 ,2004.

[46] 钱建亚 , 熊强 . 食品安全概论 [M]. 南京 : 东南大学出版社 ,2006.

[47] 费有春 , 徐映明 . 农药问答 [M]. 3 版 . 北京 : 化学工业出版社 ,1997.

[48] 于长木 . 吃得科学 , 吃得合理 , 吃得健康 [J]. 健康指南 ,2008(1):36-37.

[49] 蒋家琨 . 怎样科学吃豆制品 [J]. 健康指南 ,2008(3):38-39.

[50] 吴雅君 . 杂食有理 [J]. 家庭医生 ,2009(8):19.

[51] 陈天如 . 主食不可替代 [N]. 医药养生保健报 ,2007-8-27(4).

[52] 王萍 , 张银波 , 江木兰 . 多不饱和脂肪酸的研究进展 [J]. 中国油脂 ,2008,33(12):42-47.

[53] 陈燕 . 警惕油炸食品中的有害物 [N]. 医药养生保健报 ,2009-7-13(2).

[54] 应杏秋 , 洪萍 , 李峰 , 等 . 萧山区市售蔬菜瓜果农药残留现状调查 [J]. 浙江预防医学 ,2009,21(2):33-34.

[55] 彭光奇 . 毒蕈中毒的诊断与救治 [J]. 当代医学 ,2008(9):59.

[56] 徐剑宏 , 祭芬 , 陆琼娴 , 等 . 谷物真菌毒素的控制策略 [J]. 江苏农业学报 ,2007,23(6):642-646.

[57] 徐爱东 . 我国蔬菜中常用植物生长调节剂的毒性及残留问题研究进展 [J]. 中国蔬菜 ,2009(8):1-6.

[58] 何瑞 , 刘艾平 , 曹玉广 . 植物生长调节剂使用中的安全问题 [J]. 中国卫生监督杂志 ,2003,10(2):99-101.

[59] 单体中 , 汪以真 . 猪肉安全问题及生产安全猪肉的措施 [J]. 黑龙江畜牧兽医 ,2004(12):1-4.

[60] 郑连军 , 王红宁 , 王晓娜 , 等 . 猪肉生产过程中危害分析与关键控制点 (HACCP)[J]. 四川畜牧兽医 ,2004(03):10-11.

[61] 廖国周 , 葛长荣 . 安全优质猪肉的生产 [J]. 畜禽业 ,2003(02):24-26.

[62] 刘忠琛 . 浅谈我国无公害猪肉生产存在的问题与对策 [J]. 黑龙江畜牧兽医 ,2003(11):59.

[63] 郭世宁 , 李继昌 . 家畜无公害用药新技术 [M]. 北京 : 中国农业出版社 ,2003.

[64] 严国昌 . 肉牛科学饲养 [M]. 北京 : 中国农业出版社 ,2004.

[65] 李鸿康 . 浅谈畜禽产品兽药残留的危害 [J]. 青海畜牧兽医杂

志,2009(01):50-56.

[66] 杨春梅. 警惕身边的人畜共患病 [J]. 中国检验检疫,2009(03):62.

[67] 陈晓光. 人畜共患病的危害及防治 [J]. 四川畜牧兽医,2004(01):56.

[68] 孟子晖,刘烽,都明君. 肉类食品中的瘦肉精问题 [J]. 大学化学,2009(01):38-41.

[69] 庞苏纳,于芳. "瘦肉精"及其危害简介 [J]. 新疆畜牧业,2009(03):17.

[70] 关峻岭,赵红英,吴永光. 病害猪肉鉴别及无害化处理措施 [J]. 畜牧兽医科技信息,2008(09):32.

[71] 庞楠楠,白玉,刘虎威. 孔雀石绿与水产品安全 [J]. 大学化学,2009(01):59-61.

[72] 柳富荣. 浅议水产品质量安全体系建设 [J]. 科学种养,2009(01):5-6.

[73] 吴学军,姜爱兰,颜怀宇. 影响水产品质量安全的因素 [J]. 渔业致富指南,2009(02):11-14.

[74] 朱贤华,林万泽. 加强水产品质量安全管理的思考 [J]. 水产科技,2007(06):29-30.

[75] 王辉. 我省水产品质量存在的问题与对策 [J]. 甘肃农业,2006(02):113.

[76] 石常春. 小麦粉增白剂及其超标使用的原因 [J]. 监督与选择,2007(6):27.

[77] 季国淳. 浅析面粉增白剂的使用 [J]. 面粉通讯,2007(5):48-50.

[78] 王春燕,潘炜. 面制品为什么让溴酸钾走开——使用80年的面粉添加剂被禁用 [J]. 中国质量技术监督,2005(7):42-43.

[79] 张岭. 浅谈食品安全应从食品添加剂抓起 [J]. 中国调味品,2009(9):40-42.

[80] 陶海霞. 吊白块——食品添加剂中的毒品 [J]. 广西民族学院学报,2004,S1:102.

[81] 叶永茂.食品添加剂及其安全问题 [J].药品评价,2005(2):82-112.

[82] 叶永茂.如何正确看待食品添加剂 [J].中国食品药品监督,2005(6):57-59.

[83] 陈军,阚家玲.食用盐、工业盐的区别与鉴别 [J].苏盐科技,1999(1):15.

[84] 鲁敏,吕淑清.酸菜腌制过程中亚硝酸盐含量的影响因素探讨 [J].中国酿造,2009(5):139-140.

[85] 张文正,樊振江,张小芳.肉制品加工技术 [M].北京:化学工业出版社,2007.

[86] 孟庆兰.几种不宜多吃的食品 [J].农村百事通,1997(7):52.

[87] 罗学兵.多吃油炸食品可致癌 [J].科学大众,2005(6):16.

[88] 郑元平,袁康培,朱加虹,等.微生物酶制剂在食品工业中的应用与安全 [J].食品科学,2003(8):256-260.

[89] 田淑珍.食品中甲醛的存在及危害 [J].襄樊职业技术学院学报,2005(6):10-11.

[90] 曹艇,刘梦溪.食品中非法添加硼砂的危害 [J].中国预防医学杂志,2003(3):237-238.

[91] 胡功政,李荣誉,许兰菊.新全实用兽药手册 [M].2 版.郑州:河南科学技术出版社,2009.

[92] 吴树兰.养猪用药指南 [M].北京:中国农业出版社,2001.

[93] 顾小根.无公害畜禽生产技术手册 [M].北京:中国农业科学技术出版社,2004.

[94] 黄瑞华.生猪无公害饲养综合技术 [M].北京:中国农业出版社,2003.

[95] 曹洪战,芦春莲.商品瘦肉猪标准化生产技术 [M].北京:中国农业大学出版社,2003.

[96] 农业部.生鲜乳收购站标准化管理技术规范 [N].中国畜牧兽医报,2009-4-5(6).

[97] 杨硕, 王喜明, 杨兴武. 管理信息系统在绿色食品肉猪生产中的应用研究 [J]. 中国畜牧杂志, 2008,44(24):17.

[98] 关军强. 常见水产品质量安全事件的成因及特点浅析 [J]. 渔业致富指南, 2008(15):16-18.

[99] GB 2760—2014 食品添加剂使用标准 [S].